Tengiz Urushadze
Tamar Kvrivishvili
Winfried Blum

Base Mundial de Referência para os Recursos do Solo e Classificação da Geórgia

Tengiz Urushadze
Tamar Kvrivishvili
Winfried Blum

Base Mundial de Referência para os Recursos do Solo e Classificação da Geórgia

A Base de Referência Mundial para os Recursos do Solo (WRB) e a Classificação Nacional dos Solos com o Exemplo dos Solos da Geórgia

ScienciaScripts

Imprint
Any brand names and product names mentioned in this book are subject to trademark, brand or patent protection and are trademarks or registered trademarks of their respective holders. The use of brand names, product names, common names, trade names, product descriptions etc. even without a particular marking in this work is in no way to be construed to mean that such names may be regarded as unrestricted in respect of trademark and brand protection legislation and could thus be used by anyone.

Cover image: www.ingimage.com

This book is a translation from the original published under ISBN 978-620-2-01640-7.

Publisher:
Sciencia Scripts
is a trademark of
Dodo Books Indian Ocean Ltd. and OmniScriptum S.R.L publishing group

120 High Road, East Finchley, London, N2 9ED, United Kingdom
Str. Armeneasca 28/1, office 1, Chisinau MD-2012, Republic of Moldova, Europe
Printed at: see last page
ISBN: 978-620-7-60843-0

ÍNDICE DE CONTEÚDO

CAPÍTULO 1. INTRODUÇÃO

O Cáucaso, incluindo a Geórgia, ocupa um lugar especial na história da pedologia. Especialmente a Geórgia, enquanto "Museu dos Solos ao Ar Livre" natural, suscitou um grande interesse entre muitas gerações de cientistas dos solos, incluindo investigadores estrangeiros [33].

No final do século XX, a Geórgia foi o primeiro país da zona pós-soviética onde os principais tipos de solo foram descritos de acordo com a Base Mundial de Referência dos Recursos do Solo (WRB). Em 1998-1999, foram organizadas várias visitas de estudo por iniciativa da Sociedade Georgiana de Ciência do Solo, com a participação de pedólogos georgianos e estrangeiros (J. Deckers, G.V. Dobrovol'skii, S.V. Zonn, F. Ugolini, H.P. Blume, W.E.H. Blum, M. Purnell, D. Yaalon e outros). Em 1999, foi publicado um mapa dos solos da Geórgia à escala 1: 500 000. Na sua legenda, os solos foram descritos de acordo com a classificação nacional, bem como com a WRB, com base nos dados disponíveis na altura. [O mapa de solos da Geórgia à escala de 1: 500 000, editado por T.F. Urushadze [22]. Esta foi a primeira tentativa importante de correlacionar os solos da Geórgia com os principais solos do mundo. Em 2005, foi publicada a primeira tradução do WRB, versão de 1998, para georgiano [39]. Em 2017, a última versão da WRB, publicada pela FAO, foi traduzida para georgiano e foi finalmente publicada como uma das primeiras traduções numa língua nacional.

Recentemente, outros estudos concentraram-se no diagnóstico dos solos da Geórgia de acordo com o sistema WRB.

É importante para a comunidade internacional da ciência do solo dispor de uma linguagem unificada para os cientistas do solo de diferentes países. Essa "linguagem comum do solo" é apresentada pela Base Mundial de Referência para os Recursos do Solo, designada por WRB - a norma internacional de comunicação e correlação de solos [19,40]. A Base Mundial de Referência para os Recursos do Solo é um dos mais importantes sistemas de diagnóstico e classificação do mundo, que tem por objetivo promover e apoiar cientistas de vários países com um sistema de comunicação internacional. A classificação internacional dos solos da WRB baseia-se na unidade das propriedades do solo, que podem ser divididas em 3 categorias: horizontes de diagnóstico, características de diagnóstico do solo e componentes de diagnóstico do solo, que devem ser mensuráveis e perceptíveis durante a descrição no terreno. O WRB é um sistema de classificação bastante perfeito e complexo, que pode coordenar as classificações nacionais. Inclui dois níveis (I,II): o nível I é constituído por 32 grupos básicos (de referência); o nível II é apresentado pelos prefixos e sufixos ou pelo básico e pela combinação de qualificadores adicionais, que são acrescentados ao nome do grupo de solos e contribuem para as características individuais do perfil do solo e para a sua classificação [35-39].

Nos últimos anos, foram efectuados vários estudos comparativos sobre a classificação e o diagnóstico dos solos da Geórgia de acordo com o sistema nacional de classificação dos solos e de acordo com a WRB. Estes estudos provaram a existência de andossolos na Geórgia [33], que ocorrem na zona vulcânica da Geórgia, em especial na crista Adzhara-Trialetski e no planalto de Javakheti. Anteriormente, eram classificados como solos de prados montanhosos desenvolvidos em rochas vulcânicas efusivas, como o andesito e o andesito-basalto. O seu exame cuidadoso provou o desenvolvimento de propriedades de diagnóstico vítricas (a presença de vidro vulcânico) e andicas (a presença de complexos de alofano e/ou organo-alumínio). No sistema de classificação dos solos aceite na Geórgia, alguns nomes de solos relacionados com paisagens (prado de montanha, prado de floresta de montanha, solos de floresta de montanha) devem ser alterados e baseados apenas nas características do perfil. Isto é necessário porque o objeto da classificação é o solo e não a paisagem.

Sabe-se que um dos meios para comparar solos distinguidos em diferentes sistemas de classificação é descrever os perfis de solo de referência específicos utilizando os critérios sugeridos nos sistemas de classificação comparados [4,5,14]

Esta publicação é uma tentativa de correlação entre o sistema WRB e o sistema nacional de classificação dos solos da Geórgia no que respeita aos principais tipos de solos da Geórgia. Baseia-se na publicação [41].

Juntamente com a correlação formal das decisões de classificação, tentámos verificar os resultados do procedimento de correlação com base nos conhecimentos disponíveis sobre a essência dos processos pedogenéticos, diagnosticando determinados grupos de solos. Como os solos da Geórgia são estudados de forma bastante abrangente, a sua classificação existente e, especialmente, os dados medidos permitem a sua integração no sistema de classificação internacional. Além disso, são necessários estudos especiais sobre a cobertura do solo com base na Base Mundial de Referência para os Recursos do Solo (WRB). O conceito da WRB consiste na criação de uma "linguagem do solo" unificada que permite correlacionar as classificações nacionais do solo com a WRB [6,35-39].

CAPÍTULO 2. FACTORES ECOLÓGICOS

A Geórgia está situada na parte ocidental e central do Transcaucaso. As extensões mais longas ascendem a 613 km de Gantiadi a Shiraqi e a 370 km do Mar Negro a Lagodekhi. Na longitude de Tbilisi, a distância de Norte a Sul é de 165 km. A área total do país é de 70.000 km^2. O centro geográfico situa-se a oeste da passagem de Rikoti, ver fig. 1.

Em seguida, descrevemos a topografia, a geologia, o clima e a vegetação como os factores dominantes da formação do solo.

2.1 Geologia e topografia

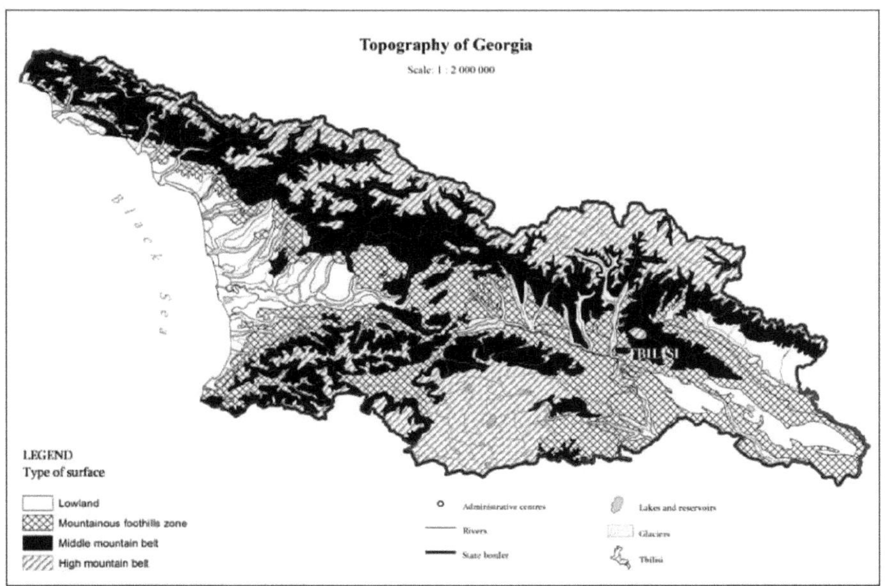

Fig. 1: A topografia da Geórgia

O relevo da Geórgia foi formado por processos endogénicos (tectónicos, vulcânicos, litológicos) e exogénicos (águas superficiais e subterrâneas, meteorização, ventos, glaciares, etc.) durante um longo período geológico. A combinação de todos estes factores explica o carácter complexo e diversificado do seu relevo.

A estrutura orográfico-tectónica inclui quatro unidades diferentes em termos de hipsometria e morfologia - a cordilheira do Grande Cáucaso, a zona dobrada de Ajara-Trialeti, a depressão intermontana e a região vulcânica do sul da Geórgia. Nestas quatro unidades, a intensidade dos factores de formação do relevo variou no tempo e no espaço, dando origem a uma topografia complexa e diversificada (ver fig. 1).

O relevo montanhoso de origem tectónico-erosiva domina a 1.000 m acima do nível do mar ao longo da Cordilheira do Cáucaso. Diversos factores tectónico-litológicos, erosivos e outros factores de formação do relevo, com diferentes intensidades, explicam as características deste relevo. Especialmente a estrutura litológica desempenha um papel predominante na formação do relevo a 3.500-4.000 m acima do nível do mar na Grande Cordilheira do Cáucaso e determina a resistência contra processos destrutivos e geomorfológicos. As rochas xistosas, gnáissicas e granitóides que se encontram nas partes ocidental e central da Grande Cordilheira do Cáucaso são fortemente resistentes aos processos exogénicos. Por conseguinte, o relevo aqui apresenta formas de relevo acentuadas, profundamente dissecadas e serrilhadas, por vezes maciços em socalcos e picos de montanhas. Apresentam, na sua maioria, declives acentuados.

Nas zonas das rochas vulcânicas do Plioceno e do Quaternário (nascentes dos rios Liakhvi, Aragvi e Tergi), os relevos apresentam diferentes formas tectónico-erosivas.

A mais de 1.000 m acima do nível do mar, o relevo é formado pela glaciação do Quaternário.

As encostas da Cordilheira do Cáucaso (abaixo de 1.000-1.500 m de altitude) são menos íngremes com um relevo erosivo montanhoso suave, incluindo montanhas médias e baixas, colinas, bacias intermontanas, desfiladeiros fluviais, terraços erosivos-acumulativos e formas de Karst.

A depressão intermontana da Geórgia, bem como a cordilheira de Surami, é constituída por duas partes orográficas - as planícies de Kolkheti e de Iveria. Em ambas as áreas, existem relevos montanhosos, incluindo montanhas e colinas baixas e médias.

Nas partes nordeste e sudeste da planície de Kolkehti existem maciços baixos, planaltos e colinas. O relevo da depressão inter-montanhosa é constituído principalmente por planícies aluviais, anticlinais de baixa e média altura e colinas monoclinais, depressões sinclinais e terraços nas gargantas dos rios.

A zona dobrada de Ajara-Trialeti tem montanhas mais baixas. Na cordilheira de Ajara-Trialeti, o relevo do início da era glaciar e os aluviões não são generalizados. As formas de relevo erosivo dominantes são os desfiladeiros fluviais alternados com lava quaternária.

Em termos de características gerais, a região vulcânica do sul da Geórgia é significativamente diferente do norte do Cáucaso e da zona dobrada de Ajara-Trialeti. A principal diferença está na região vulcânica do sul da Geórgia, a 1 400-2 200 m acima do nível do mar, onde existem sobretudo planaltos rodeados de montanhas e maciços vulcânicos.

As altitudes e a dissecação das superfícies dos planaltos e montanhas vulcânicas da região vulcânica do sul da Geórgia são muito menos expressivas do que as das zonas dobradas de Ajara-Trialeti e do Cáucaso.

A determinação da idade absoluta do material de origem do solo formado por rocha meteorizada é da maior importância para o estudo dos processos de formação do solo. Em alguns casos, a idade do relevo difere da idade do material de origem do solo. Este facto é especialmente evidente em zonas montanhosas com superfícies dissecadas, onde, devido à intensidade dos processos erosivos e de desnudação, o material solto é periodicamente deslocado. O território da Geórgia é típico neste domínio. Por exemplo, a idade dos solos na planície de Kolkheti não pode ser superior a centenas de anos, uma vez que a formação do substrato do solo nesta zona é rápida e intensa devido à acumulação de material solto transportado pelos rios das montanhas para as planícies. A idade absoluta determinada através da datação por radiocarbono torna este fenómeno evidente.

A Geórgia caracteriza-se por uma geologia complexa e uma grande variedade de rochas formadoras de solo, que diferem em termos de origem, composição mineral, características físico-químicas e outras.

O território da Geórgia pode ser subdividido em três zonas principais: a cordilheira do Grande Cáucaso, a depressão inter-montanhosa da Transcaucásia e as montanhas do sul da Geórgia.

A cordilheira do Grande Cáucaso, incluindo o sopé, é constituída por rochas metamórficas paleozénicas, incluindo ardósias (por exemplo, epidoto-zoisite, clorite). As rochas do Jurássico inicial e médio são argilitos, ardósias com interfaces de arenito e rochas metamórficas semelhantes aos argilitos do Cretácico inicial com calcário de grão pequeno. As rochas vulcânicas compreendem andesitos, andesitos-dacitos, basaltos, que são frequentemente cobertos por depósitos aluviais-deluviais e glaciares do Quaternário ou recentes.

As depressões intermontanas são caracterizadas pelos chamados sedimentos moláceos - uma formação que, em parte, teve origem no sopé das montanhas. Esta formação proluvial apresenta conglomerados, cascalhos, arenitos e areias. A planície de Kolkheti está coberta por depósitos aluviais, que se estendem até à depressão de Samegrelo e à planície de Zemo Imereti. A planície de Zemo Imereti está rodeada pelo maciço de Dziruli. A leste, estende-se até à depressão de Mtkvari.

A geologia das montanhas do sul da Geórgia é caracterizada por sedimentos do final do Cretáceo, paleogénicos, pós-pliocénicos e jovens. Os sedimentos do Cretáceo contêm carbonatos, principalmente calcários quimogenéticos. Os sedimentos paleogénicos são originários de várias formações, incluindo argilitos, arenitos tufáceos de origem flush. No oeste de Ajara, existem rochas extrusivas com crostas de meteorização. Os depósitos pós-pliocénicos são constituídos por conglomerados soltos, argila, areia e calhaus. Os sedimentos mais jovens são constituídos por material aluvial, paralelepípedos, areia ou argila deluvial e depósitos de grão grosseiro.

2.2 Clima da Geórgia

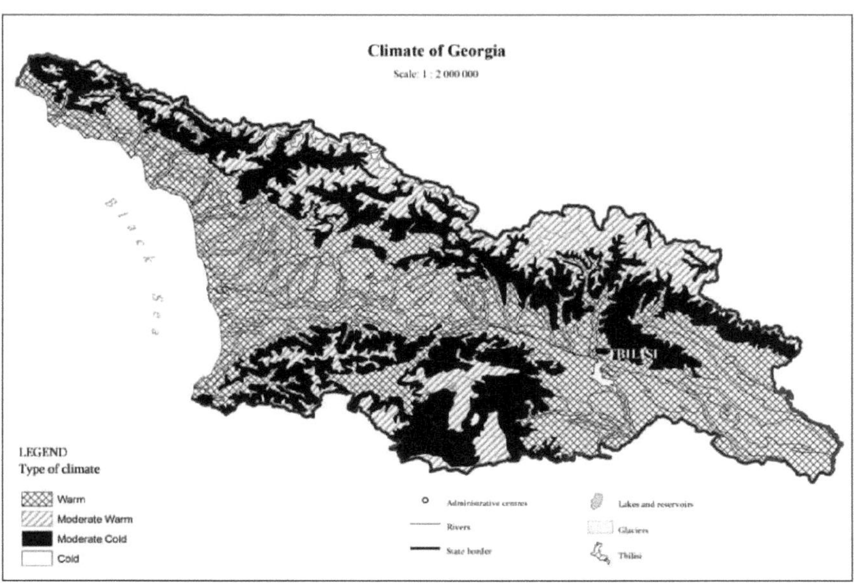

Fig.2: O clima da Geórgia

O clima da Geórgia é diversificado devido às condições geográficas específicas, ver fig. 2. A Geórgia está situada na fronteira entre os climas subtropical e temperado, entre o Mar Negro e o Mar Cáspio, e tem um relevo complexo devido à geologia e à topografia. No território relativamente pequeno da Geórgia existe uma grande variedade de climas regionais e locais: clima subtropical húmido, neve permanente e glaciares e clima subcontinental seco no sul da Geórgia.

Alguns dos principais factores que influenciam o clima da Geórgia são a cordilheira do Cáucaso, as montanhas do sul da Geórgia e a depressão entre montanhas - o chamado Corredor Climático da Transcaucásia, que liga o Mar Negro e as regiões áridas do Azerbaijão. O alto Cáucaso está ligado às montanhas do sul da Geórgia pela cordilheira de Likhi. A cordilheira de Likhi é uma fronteira climática que divide o país em duas zonas climáticas diferentes.

Zona 1 - A Geórgia Ocidental, situada na costa oriental do Mar Negro e rodeada por montanhas, tem um clima subtropical húmido com uma pequena variação de temperaturas, com elevada precipitação, com um balanço positivo da radiação solar e elevada humidade. As massas de ar húmido da Geórgia Ocidental convergem e deslocam-se para cima, enquanto as massas de ar da Geórgia Oriental se deslocam para baixo. As massas de ar continentais húmidas dos subtrópicos predominam durante o ano.

Zona 2 - A Geórgia Oriental tem um clima subtropical moderadamente seco. No leste da Geórgia, a humidade e a precipitação são baixas, assim como a nebulosidade. As variações de temperatura são elevadas. No inverno, primavera e outono, as massas de ar continentais ocidentais e as massas de ar provenientes do Mar Negro dominam na parte oriental do país.

No leste da Geórgia, existe uma subzona das montanhas do sul da Geórgia, que apresenta um clima continental seco e um clima subtropical moderadamente húmido. A orografia do relevo (declive e orientação das encostas), a radiação solar, a circulação das massas de ar, a vegetação e a cobertura do solo definem as características da região e desempenham um papel importante na formação das regiões climáticas.

As montanhas do Cáucaso são caracterizadas por uma clara zonagem vertical. Formam uma fronteira natural no Norte, protegendo a Geórgia das massas de ar frio. Por vezes, estas massas de ar deslocam-se em torno da cordilheira do Cáucaso e invadem a Transcaucásia a partir do Oeste ou do Leste. Mudam quando passam sobre o Mar Negro e o Mar Cáspio. Os processos de convecção desempenham um papel importante na formação das massas de ar e manifestam-se especialmente durante as estações quentes.

2.3 Vegetação

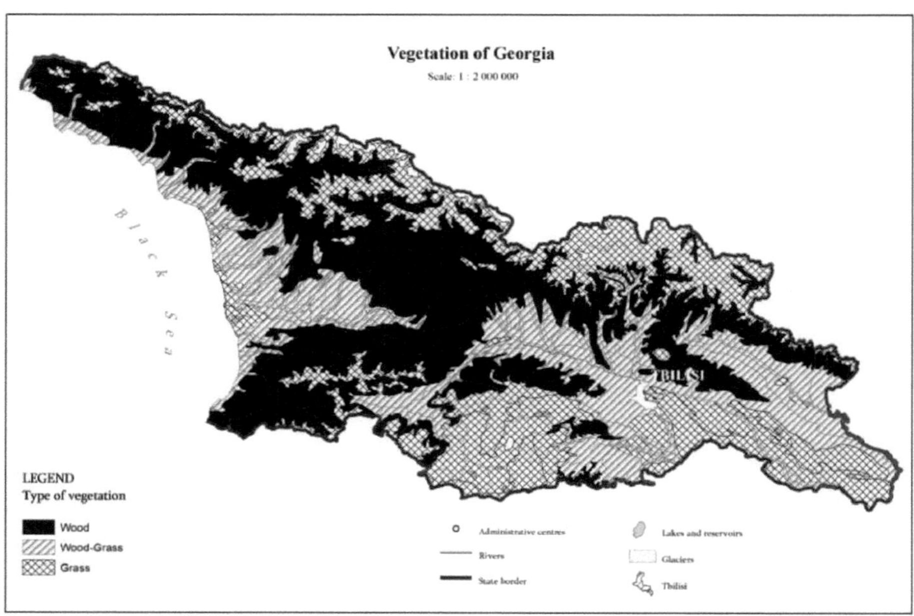

Fig.3: A vegetação da Geórgia

A vegetação na Geórgia é diversificada devido às complexas condições do solo, climáticas, orográficas e outras, ver fig. 3. A vegetação inclui plantas xerófitas, amantes do calor, hidrófilas e resistentes à geada. Nalgumas partes da Geórgia existem também plantas relíquias. Em muitos locais, a vegetação foi significativamente alterada devido à influência antropogénica, por exemplo, desflorestação, drenagem e irrigação.

Os principais tipos zonais de vegetação são as plantas semidesérticas, estepárias, subalpinas e alpinas.

A fronteira ocidental da vegetação semidesértica estende-se quase até Tbilisi. Esta vegetação é menos vigorosa e agressiva. A vegetação estepária encontra-se nas planícies, nos sopés e entre os cumes das montanhas. Isto deve-se ao facto de a vegetação de estepe ser secundária, surgida após o corte das florestas. O desenvolvimento das estepes secundárias remonta aos séculos XVI-XVII, como é o caso da estepe de Javakheti, que se desenvolveu nesse período. Este tipo de vegetação sofreu alterações significativas e é atualmente semelhante a uma vegetação de estepe primária. Nalgumas estepes, existem vestígios de uma vegetação florestal original, por exemplo, pinheiros ou a floresta de Abuli com carvalhos e bétulas orientais.

O tipo de vegetação mais comum é a vegetação florestal. Na Geórgia Ocidental, a vegetação florestal estende-se desde a costa marítima até à zona alpina.

No leste da Geórgia, as florestas fazem fronteira com estepes e semi-desertos nas altitudes mais baixas e com prados alpinos nas altitudes mais elevadas. A falta de precipitação, a baixa humidade relativa e as temperaturas elevadas definem o limite inferior das florestas. No leste da Geórgia, o limite inferior das florestas coincide com a linha que marca as áreas onde o índice de humidade é 1. O limite superior alpino das florestas situa-se a várias altitudes, variando entre 2.050 m e 2.600 m. No oeste da Geórgia, o limite é mais baixo do que no leste da Geórgia.

A vegetação florestal compreende diversas variedades de árvores. A sua distribuição depende da zonagem vertical. Nas planícies, existem florestas de planície constituídas principalmente por carvalhos de Imereti (Quercus imeretina) e outras árvores. Nas zonas baixas, existem florestas subtropicais e florestas de carvalhos georgianos (Quercus iberica), na zona média são comuns as florestas de faias e nas zonas altas as florestas de abetos, pinheiros e carvalhos (Quercus macranthera). As florestas de bétulas, áceres, faias e pinheiros ocupam a zona subalpina.

A vegetação da zona subalpina inclui florestas subalpinas tortuosas e esparsas, arbustos de alta montanha, gramíneas altas subalpinas e prados subalpinos.

A vegetação alpina é constituída por prados alpinos e arbustos de alta montanha. O seu limite inferior coincide com o limite superior das árvores.

CAPÍTULO 3. OS PRINCIPAIS SOLOS DA GEÓRGIA

Os principais solos da Geórgia são: Vermelho (Ferralic, Haplic Nitisols), Amarelo (Ferric Luvisols), Bog (Dystric, Eutric Gleysols, Histosols), Yellow Podzolic Soils (Stagnic Acrisols (Hyperferric), Yellow Brown Forest Soils (Stagnic, Ferric, Humic, Skeletic Luvisols), Solos de floresta castanha (Haplic Cambisols (Dystric), Solos de carbonato bruto (Rendzic Leptosols), Solos cinzentos cinamónicos (Calcic Chernozems), Solos cinzentos cinamónicos de prado (Haplic, Gleyic, Vertic Kastanozems), Solos cinamónicos (Chromic, Calcaric, Humic, Eutric Cambisols), Prados Cinnamonic Soils (Chromic, Calcaric, Glevic, Eutric Cambisols), Black Soils (Haplic Vertisols), Chernozems (Voronic, Calcic Chernozems), Mountain Forest Meadow (Haplic Umbrisols), Prados de montanha (Umbrisols hiperdistróficos), Chernozems de prado de montanha (Phaeozems), Solos salinos (Vertic Solonchaks, Mollie Solonetz), Solos aluviais (Gleyic, Eutric, Dystric Fluvisols) [29- 32], ver fig. 4.

De seguida, descrevemos os diferentes grupos de solos. - No capítulo 4, apresentamos dados analíticos para solos seleccionados de acordo com os critérios estabelecidos pelo WRB e os utilizados na classificação de solos da Geórgia.

Fig.4: O mapa de solos da Geórgia

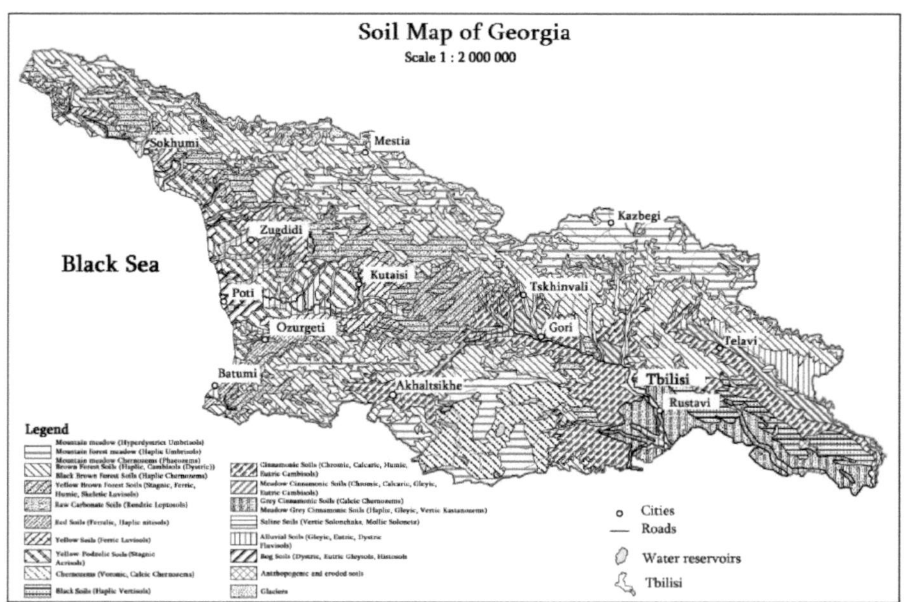

3.1. Solos vermelhos (Nitissolos ferrálicos, Nitissolos haplicados)

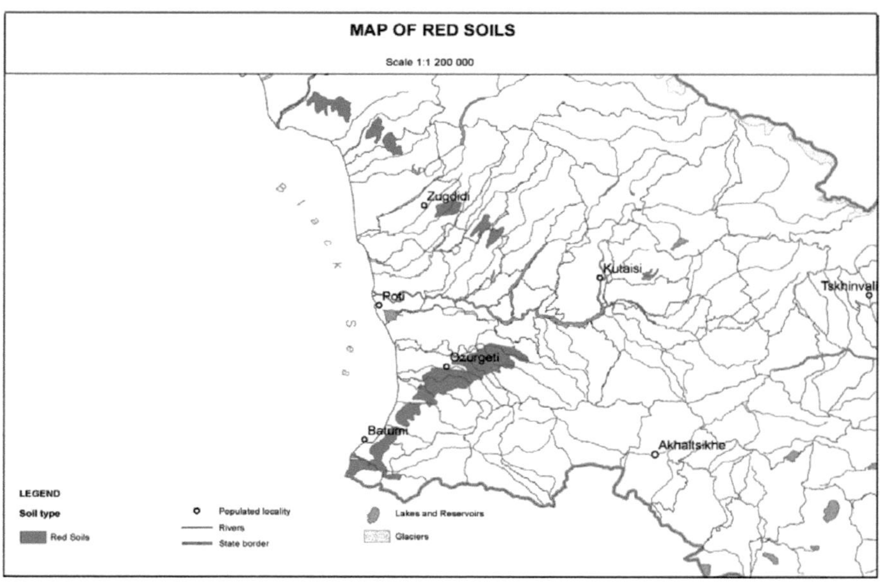

Fig.5: Distribuição dos solos vermelhos na parte ocidental da Geórgia

Os solos vermelhos ocorrem principalmente na parte ocidental da Geórgia, perto do Mar Negro, e são caracterizados por cores vermelhas, argilização e, normalmente, por grandes profundidades do solo. O perfil do solo apresenta os seguintes horizontes: A-AB-B-BC- C.

Na Geórgia, a área total de solos vermelhos é de cerca de 1% da superfície terrestre (130.400 ha). Estes solos ocorrem na parte sudoeste da zona subtropical húmida (Adjara, Guria). Também se encontram em Samegrelo e na Abkhazia.

Os solos vermelhos estão distribuídos até 100-300 m acima do nível do mar (a.s.l.) e ocupam um relevo montanhoso acidentado. As rochas que formam o solo são representadas por produtos de meteorização de cor vermelha de rochas efusivas (principalmente andesito) e seus derivados. A profundidade do lençol freático é de 8-10 m.

O clima é subtropical húmido. A temperatura média anual é de 13,7-15,1° C. A temperatura do mês mais frio, janeiro, é de 4,8-6,8° C, enquanto a do mês mais quente, agosto, é de 21,9-24,5° C. A duração do período de vegetação é de cerca de oito meses. A precipitação anual é de 1.200-2.500 mm. A precipitação mínima ocorre na primavera. A soma das temperaturas activas é de 3.500-4.700° C.

A vegetação natural é constituída por uma floresta subtropical mista, onde encontramos castanheiros, carvalhos, faias, carpas e outros. Esta floresta é descrita como uma floresta de tipo sempre-verde. Atualmente, grande parte desta área está desflorestada e ocupada por agricultura subtropical e plantações de chá.

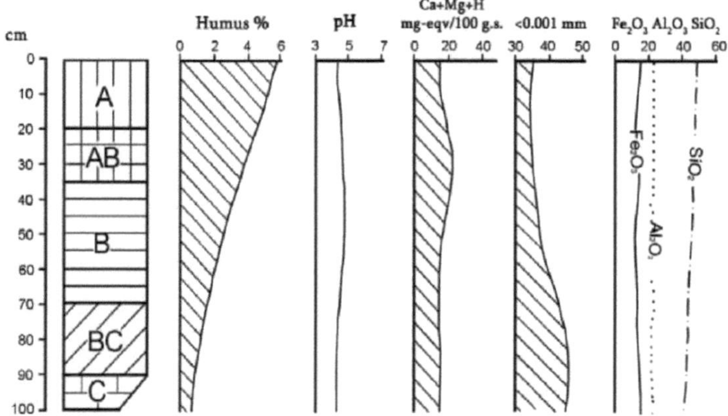

Fig. 6: Parâmetros básicos dos solos vermelhos

Os solos vermelhos são caracterizados por perfis relativamente profundos com horizontes de húmus bem pronunciados de cor castanha avermelhada (7.5YR 3/6) e estrutura de blocos angulares finos (nozes) nos horizontes superiores. Todo o perfil é tingido de vermelho: 5YR 4/4.5, 5YR 4/6, ou 5YR 4.5/6. Em alguns dos perfis, observam-se as características que cumprem os critérios do qualificador *crómico*, ou seja, têm uma camada de 30 cm ou mais de espessura a 150 cm da superfície do solo com uma tonalidade Munsell mais vermelha do que 7,5YR ou uma tonalidade de 7,5YR, e um croma (húmido) superior a 4 [35].

Nos solos vermelhos, o ferro silicatado predomina sobre o não silicatado. As diferentes formas de óxidos de ferro estão mais ou menos igualmente distribuídas no perfil.

O horizonte Bt dos solos vermelhos é caracterizado por uma textura argilosa, uma estrutura angular em blocos com faces brilhantes, uma compactação considerável e a presença de revestimentos argilosos. Estes solos são caracterizados por uma reação ácida com o pH dos extractos de água a variar entre 4,05-5,30 (Quadro 1). O teor de carbono orgânico no horizonte de húmus é de 1,61-3,18%. A capacidade de troca catiónica varia de 21,41 a 41,60 cmol(+)/kg.

Os solos vermelhos têm uma textura silto-argilosa ou argilosa (Quadro 2). A quantidade de fracções argilosas atinge 27-45%, e aumenta até ao perfil do solo. Juntamente com a presença de revestimentos argilosos, este facto corresponde à definição do horizonte *árgico*. No entanto, os critérios quantitativos do horizonte árgico não são indicados: o aumento relativo do teor de argila é inferior a 20%. De acordo com o sistema WRB, os solos vermelhos podem ser classificados como Nitisols. O horizonte *nítico*, rico em argila e com uma estrutura de noz bem formada e faces de pedras brilhantes, é claramente pronunciado nestes solos. Os nitissolos têm geralmente um perfil vermelho escuro profundo ou vermelho acastanhado com limites difusos entre os horizontes. São solos de textura pesada; a sua reação varia de ácida a neutra. Os Nitissolos são desprovidos de grandes concreções de ferro [35]

O horizonte nítico em solos vermelhos distingue-se no metro superior. É diagnosticado pelo teor de argila não inferior a 30%, a estrutura angular em blocos bem pronunciada e as faces brilhantes das pedras [23].

Nitisols são os solos com intemperismo intenso do tipo ferrallitic, que também é típico dos Ferralsols. No entanto, os solos vermelhos não podem ser atribuídos aos Ferralsols, porque não têm um horizonte ferralítico. A capacidade de troca catiónica dos solos vermelhos é mais elevada e, ao contrário dos Ferralsols típicos, os solos vermelhos têm algumas reservas de minerais resistentes às intempéries. Os solos vermelhos não podem ser classificados como Alisols devido à insuficiência de indicações de iluviação de argila: como já foi referido, o horizonte argico está ausente nos solos vermelhos. Normalmente, um qualificador crómico pode ser aplicado aos solos vermelhos. Assim, no sistema WRB, estes solos podem ser classificados como Nitisols. O qualificador crómico pode ser aplicado em alguns casos.

3.2. Solos Amarelos (Luvissolos Férricos)

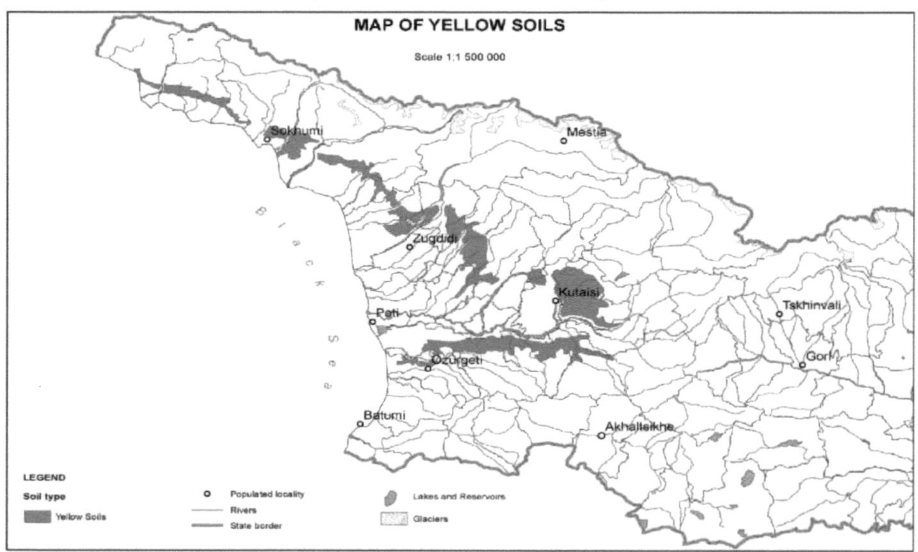

Fig.7: Ocorrência de solos amarelos no oeste da Geórgia

Os solos amarelos são caracterizados por cores amarelas, argilização e, normalmente, por perfis profundos. Os solos apresentam os seguintes horizontes: AO-A-AB-B- BC-C.

Na Geórgia, a área total de solos amarelos cobre 4,5% (317.600 ha). Estes solos estão amplamente distribuídos na zona subtropical húmida da Geórgia Ocidental, na faixa montanhosa de Gagra, Gudauta, Gulripshi, Ochamchire, Gali, Zugdidi, Tsalenjikha, Chkhorotsku, Senaki, Martvili, Abasha e menos nos distritos de Khobi, Tskaltubo, Tkibuli e Vani.

Os solos amarelos formam-se sob um clima subtropical húmido. A temperatura média anual varia entre 13,7 e 15,1° C. A temperatura do mês mais frio, janeiro, é de 3,8-6,8° C, e a do mês mais quente, agosto, de 19,324,5° C. A duração do período de vegetação é de oito meses. A precipitação anual é elevada, variando de 1.100 a 2.500 mm. No entanto, a sua distribuição ao longo do ano não é estável. A precipitação mínima ocorre em abril, maio e junho, mas com uma humidade relativamente elevada (até 80%).

Os solos amarelos encontram-se nos antigos terraços marinhos e nos contrafortes limítrofes, sendo as rochas que os formam ácidas e, em média, xistosas. Nos terraços, estes solos desenvolvem-se geralmente em depósitos de argila com uma relação SiO2:AL2O3 de 3,20.

No entanto, também é possível um rácio de SiO2:AL2O3 < 2,50. As rochas formadoras de solos são caracterizadas por propriedades que promovem a erosão e os deslizamentos de terras. Em geral, a área de solos amarelos restringe-se à distribuição de rochas com as características acima indicadas.

A vegetação natural é constituída por florestas subtropicais mistas (carvalhos, zelkova, castanheiro, pterocarya, tília, ácer e outros). Atualmente, grande parte desta área está desflorestada e é utilizada para a produção agrícola.

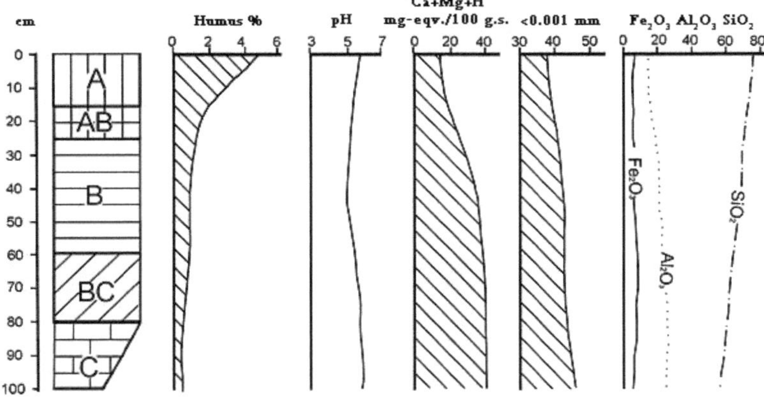

Fig. 8: Parâmetros básicos dos solos amarelos

Os solos amarelos têm uma cor castanho-amarelada (10YR 3/4) do horizonte húmus e uma cor amarela nos horizontes subjacentes. As características de argilização são observadas nos horizontes de perfil médio. Os solos amarelos são solos moderadamente profundos. A espessura do seu horizonte húmico atinge 10-15 cm. Tem uma estrutura granular-crumb. Na parte inferior do horizonte húmico encontram-se concreções finas de ferro manganês. O horizonte iluvial distingue-se pela presença de revestimentos castanho-amarelados distintos (10YR 5/4.5, 10YR 4/6, 10YR 5/6); a sua espessura é superior a 20 cm. Este horizonte é relativamente denso e tem uma estrutura de migalha ou migalha-prismática. A estrutura torna-se menos distinta nos horizontes inferiores. Normalmente, estes horizontes contêm fragmentos de rocha abundantes com características claras de alteração em comparação com as rochas subjacentes.

A reação do solo é ligeiramente ácida (pH 5,65-6,65). Os horizontes superiores são mais ácidos do que os horizontes inferiores. O teor de carbono orgânico é de até 3,59% no horizonte superior e desce para 0,05% nos horizontes inferiores. A acidez total (0,96-2,54 cmol(+)/kg) também diminui ao longo do perfil do solo. A capacidade de troca é de até 38,76-43,11 cmol(+)/kg. Os solos têm uma textura argilosa. Alguma acumulação da fração argilosa nos horizontes do perfil médio pode dever-se à iluviação e à argilização in situ.

Os solos amarelos podem ser atribuídos ao grupo de referência dos Luvisols, diagnosticados por uma capacidade de troca relativamente elevada e pela presença de um horizonte *árgico*. No perfil dos solos amarelos, a propriedade *férrica* é claramente pronunciada (a presença de grandes manchas de ferro (10YR 5/8, 10YR 6/8, 10YR 8/8) e concreções, incluindo concreções ferro-manganês (10YR 2/1) [37].

Assim, os solos amarelos podem ser classificados como Luvisols férricos no sistema WRB.

3.3. Solos de pântano (Distróficos, Eutróficos Gleysols, Histosols)

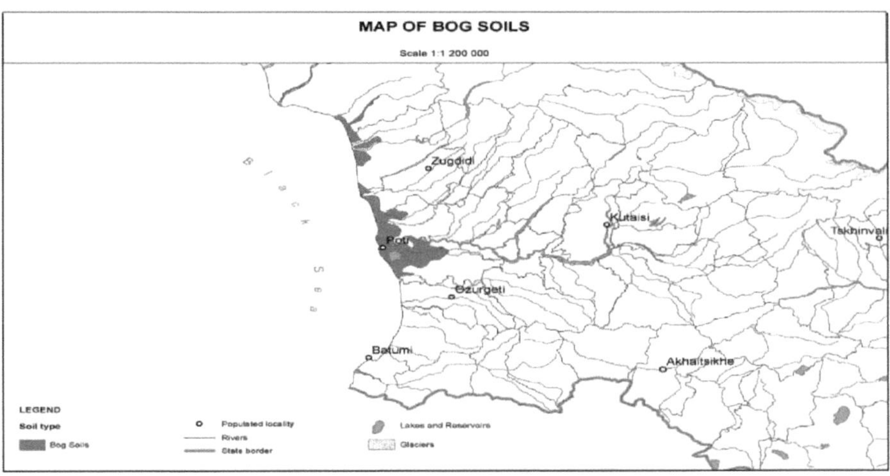

Fig.9: Ocorrência de solos pantanosos na parte ocidental da Geórgia, perto do Mar Negro

Os solos orgânicos pantanosos e pantanosos encontram-se principalmente na planície de Kolkheti (220.000 ha). Esta última representa um triângulo entre Kobuleti, Ochamchire e Samtredia. Os solos de pântano são encontrados esporadicamente na Geórgia Oriental e do Sul.

Os solos de pântano envolvem pântanos siltosos (130.400 ha ou 1,9% do país) e orgânicos (turfa) (70.600 ha, 1% do território).

O clima da planície de Kolkheti é quente e húmido. A temperatura média anual é de 13,7-14,4° C. A temperatura do mês mais frio, janeiro, é de 3,6-

4,6° C, e a do mês mais quente, agosto, é de 22,4-23,2° C. A duração do período de vegetação é de oito meses. A precipitação anual é de 1.157-1.757 mm. A precipitação mínima ocorre na primavera e a máxima no outono e no inverno. A humidade relativa média anual atinge 71-82%.

A planície de Kolkheti pertence às planícies formadas por uma acumulação deltaica. A parte central entre os rios forma um talweg, porque as margens dos rios são altas. De acordo com a literatura, a planície foi influenciada por movimentos epirogenéticos com longas fases de inundação.

A planície de Kolkheti é preenchida por material aluvial, que é composto por material de meteorização do Cáucaso do Norte e do Cáucaso do Sul. Os depósitos contêm sobretudo carbonatos, no estrato superior partilhados com argila predominante.

O principal tipo de vegetação é a floresta ripícola simples, acompanhada de vegetação de pântano e psamofilur. As florestas ripícolas são compostas principalmente por florestas de sabugueiro misturadas com carvalho, freixo e carpa. Nos pântanos, os juncos são comuns.

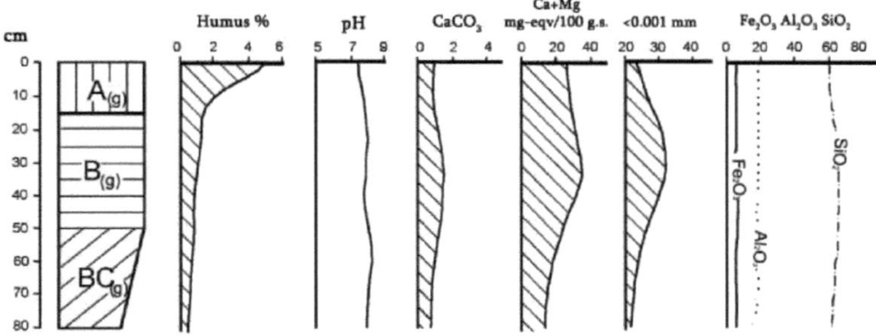

Fig. 10: Características básicas dos solos pantanosos

Os solos de pântano são caracterizados por um maior teor de diferentes formas de ferro. Ao mesmo tempo, verifica-se uma acumulação de óxidos de ferro amorfos na parte superior do perfil, mas os óxidos bem cristalizados encontram-se em profundidade. Os solos de pântano pertencem aos gleysols e histosols.

3.4. Solos Podzólicos Amarelos (Acrisols estagnados)

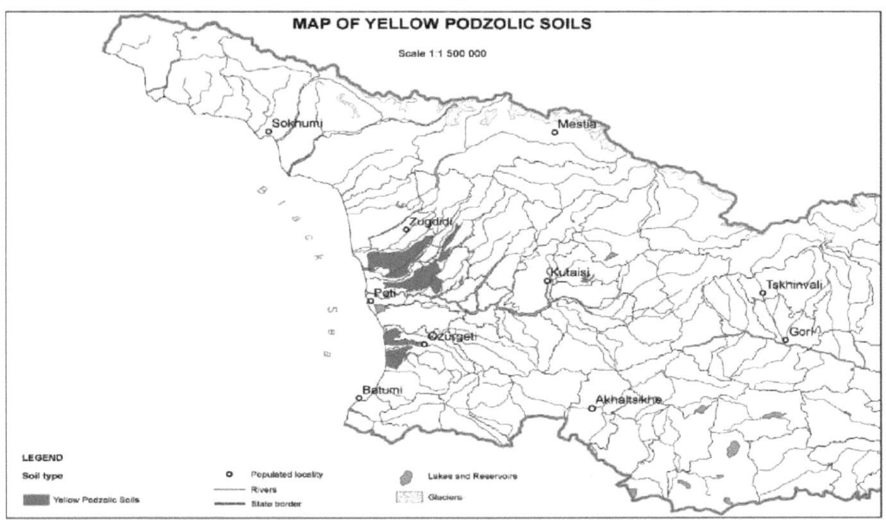

Fig. 11: Ocorrência de solos podzólicos amarelos na parte ocidental da Geórgia, perto do Mar Negro

Os solos podzólicos amarelos são caracterizados por perfis nitidamente diferenciados com a seguinte sequência de horizontes: A-AlA2-A2(g)-Bl-B2-BC-C. As principais características diagnósticas do solo são um horizonte eluvial bem expresso, pobre em silte e sesquióxidos, e um horizonte iluvial castanho-amarelado.

Na Geórgia, a área total de solos podzólicos amarelos é de 2% (137 600 ha). Estes solos estão distribuídos na zona subtropical húmida da Geórgia Ocidental, entre 30 e 200 m de altitude, principalmente em pequenas encostas periféricas da parte nordeste da planície de Kolkheti, em antigos terraços fluviais. Os solos podzólicos amarelos juntam-se aos solos amarelos e aos solos calcários de húmus bruto de um lado e aos solos podzólicos amarelos gleyicos e pantanosos do outro lado.

Os solos podzólicos amarelos formam-se principalmente nos antigos terraços marinhos. Estão inclinados para o Mar Negro. As partes mais elevadas dos terraços são dissecadas e bem drenadas. As partes inferíores dos terraços caracterizam-se por uma permeabilidade reduzida à água. Existem grandes áreas deste solo nos antigos terraços dos rios Kodori, Enguri, Khobi, Rioni, Kvirila e outros.

As rochas que formam o solo são friáveis e, em regra, de carácter heterogéneo. Por exemplo, nos terraços baixos da parte noroeste de Kolkheti encontram-se sedimentos argilosos, que cobrem conglomerados, mas em alguns locais também depósitos de argila. Nos contrafortes do centro e noroeste existem terraços elevados. Aqui encontramos argilas e conglomerados terciários. Nos terraços antigos dos rios, distribuem-se argilas pesadas com depósitos mais leves nas partes mais profundas dos terraços.

O clima é húmido, subtropical. Os Invernos são quentes (temperatura média em janeiro de 4,4-6,8° C) e os Verões quentes (temperatura média em julho de 22,5-24,5° C). A temperatura média anual varia entre 14 e 19° C. A soma das temperaturas "activas" ascende a 4.000-4.700° C. A duração do período vegetativo é de oito meses. 250-290 dias são livres de geadas. Uma vez em cada 12-15 anos, a temperatura desce abruptamente. Nestas condições, a vegetação subtropical morre. A precipitação é bastante elevada, cerca de 1.500 mm, frequentemente com grande intensidade. Em vinte e quatro horas, são possíveis 100-150 mm de precipitação. Estas intensidades de precipitação provocam frequentemente a erosão dos solos. No entanto, também ocorrem períodos secos, principalmente em maio. Durante o verão e o outono, a humidade do ar atinge 90%, mas é mais baixa (67-79%) na primavera.

No passado, existia nesta zona uma floresta de tipo Kolkhetiano. Entre as árvores de madeira (carvalho, zelkova, castanheiro, diospireiro, carpa, freixo, etc.), encontravam-se arbustos (salsaparrilha) e florestas de sub-bosque sempre verdes (buxo, loureiro-cereja, rododendro). Esta vegetação natural já não é

existe em resultado da desflorestação e da transformação em pastagens ou plantações de chá, citrinos, tabaco e milho. As florestas de Kolkheti foram preservadas sob a forma de manchas fragmentárias.

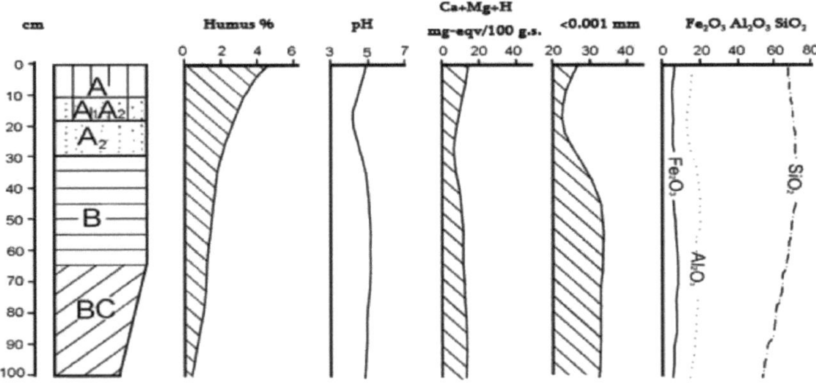

Fig. 12: Parâmetros básicos dos solos podzólicos amarelos

Os solos podzólicos amarelos são diagnosticados pela presença de um horizonte eluvial *(albico)* bem pronunciado, empobrecido em argila e óxidos de ferro. No estado seco, este horizonte tem um valor de 7 ou 8 e um croma de 3 ou menos (escala de Munsell) ou um valor de 5-6 e um croma de não mais de 2; no estado húmido, tem um valor de 6-8 e um croma de não mais de 4, ou um valor de 4 e um croma de menos de 2 [37]. O horizonte ábico pode estar empobrecido das fracções argila e silte fino.

O horizonte *árgico* é claramente diagnosticado nos solos podzólicos amarelos. Como regra geral, estes solos têm uma textura argilosa pesada com algum aumento nos teores de argila física (<0,01 mm) e argila (<0,001 mm) nos horizontes de perfil médio. Nos horizontes mais baixos, os teores de argila física e argila diminuem para 53- 65 e 16-23%, respetivamente. Os horizontes B e BC dos solos podzólicos amarelos são relativamente densos e não são fáceis de escavar.

A propriedade de estagnação é claramente diagnosticada nos solos podzólicos amarelos. Nos 40 a 100 cm superiores, há indicações de propriedades redutoras. Em alguns casos, aparecem concentrações de óxidos de Fe e Mn na massa do solo [36].

Além disso, algumas propriedades do horizonte *férrico* manifestam-se claramente, como a segregação ativa de compostos de ferro (frequentemente em conjunto com compostos de manganês) sob a forma de grandes manchas e concreções. A massa de solo entre estas concentrações de ferro está empobrecida em ferro solúvel em ditionito, o que leva a alguma compactação. Além disso, pelo menos 5% do horizonte é constituído por grandes concentrações de ferro separadas, de cor castanha avermelhada a preta e com um diâmetro superior a 2 mm; estes elementos do microfabricante são cimentados por ferro da superfície com uma cor mais avermelhada e brilhante do que a da parte interior. A caraterística diagnóstica hiperfémica é observada em alguns dos perfis; neste caso, as concreções de Fe-Mn avermelhadas a pretas constituem não menos de 40% de todas as concentrações [36].

A reação do solo passa de moderadamente ácida a ligeiramente ácida (pHH2O 4,8-5,35). Os horizontes eluviais são mais ácidos do que os horizontes subjacentes. O valor de pHKCl é baixo nos horizontes de húmus. O teor de carbono orgânico varia de 0,08 a 3,15%. Em alguns perfis, o teor de Corg nos horizontes húmicos pode ultrapassar 5%. A capacidade de troca catiónica é de 12,81-22,75 cmol(+)/kg. Se for recalculada em função do teor de argila, atesta a elevada atividade argilosa que ultrapassa consideravelmente 24 cmol(+)/kg.

Os solos podzólicos amarelos devem ser atribuídos aos Alisols [36]. Caracterizam-se pela presença do horizonte *árgico*, pela reação ácida, pela elevada capacidade de adsorção e pela predominância de uma argila de atividade elevada. Mais exatamente, o podzólico amarelo corresponde a Alisóis estagnados (Hiperferrico).

3.5. Solos Gley Podzólicos Amarelos (Acrissolos Estagnados, Acrissolos Férricos, Acrissolos Gleyicos)

Os solos podzólicos amarelos de gley são caracterizados por perfis nitidamente diferenciados com a seguinte sequência: A-AlA2-Bl-B2-BC-CDg-G orAlA2-A2-A2B-BCg. As condições de formação dos solos podzólicos amarelos de gley estão intimamente relacionadas com as dos solos podzólicos amarelos, mas são diferentes no que diz respeito ao regime de humidade do solo. A superfície total dos solos podzólicos amarelos é de 0,7% (14.200 ha) do território do país. Os solos podzólicos amarelos de gley fazem fronteira, por um lado, com os solos calcários amarelos e de húmus bruto e, por outro lado, com os solos podzólicos amarelos e de pântano.

Os solos podzólicos amarelos gley estão distribuídos na mesma área que os solos podzólicos amarelos, mas ocupam partes mais baixas do relevo.

Os solos podzólicos amarelos diferem dos solos podzólicos amarelos pela sua intensa gleyização e pelo elevado teor de concreções em todo o perfil do solo.

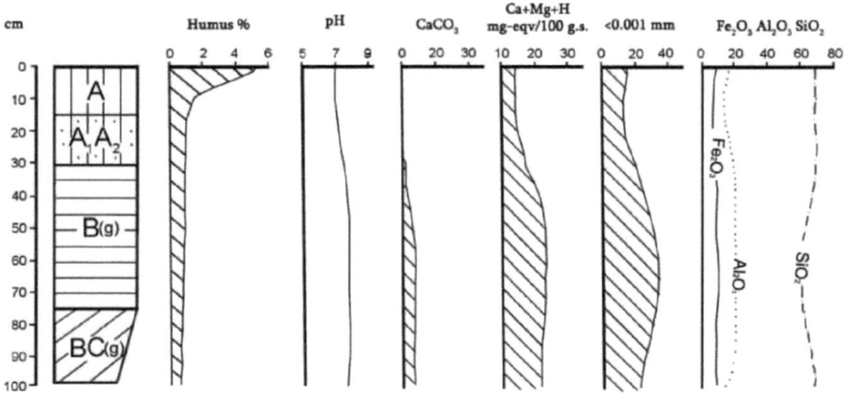

Fig. 13: Parâmetros básicos dos solos podzólicos amarelos de Gley

A formação dos solos podzólicos de gley amarelo baseia-se em dois processos principais de formação do solo: a formação de pântanos e a podzolização.

Como resultado dos processos pantanosos, formam-se horizontes gleyicos de pântano e, após a podsolização, ocorrem horizontes podzólicos e ortstein.

Os solos podzólicos amarelos de gley caracterizam-se por um regime hidrológico peculiar: no período das chuvas, o nível das águas subterrâneas aumenta e os poros do solo ficam cheios de água. Consequentemente, ocorrem processos anaeróbicos, que determinam a formação de um horizonte gleyico pantanoso. No período de precipitação intensa, o excesso de água acumula-se na superfície do solo, pelo que se inicia aqui a gleyização. Nos períodos secos, quando o nível de água subterrânea é baixo, os processos aeróbicos dominam no horizonte superior do solo. Com base nestes processos de formação do solo, formam-se horizontes podzólicos e gleyicos do pântano de diferentes intensidades.

3.5. Solos florestais castanhos amarelos (Luvisols estagnados, Luvisols férricos, Luvisols húmicos, Luvisols esqueléticos)

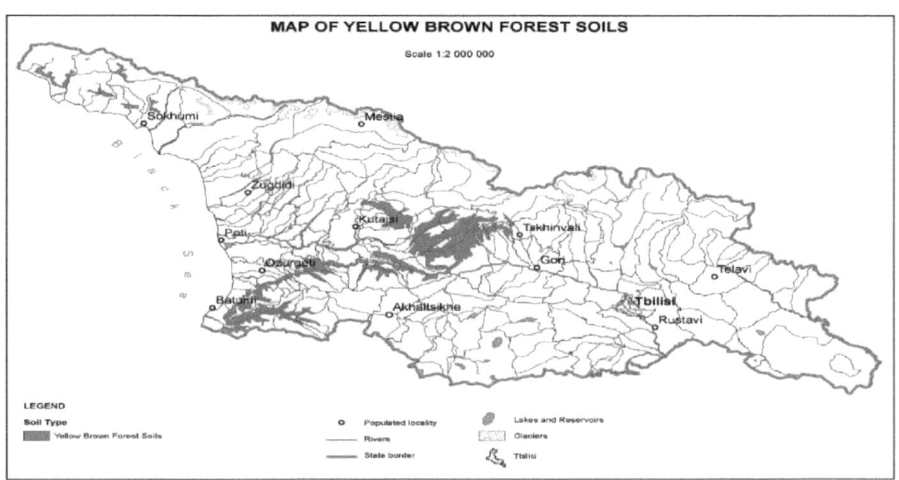

Fig. 14: Ocorrência de solos florestais castanho-amarelados na Geórgia

Os solos florestais castanho-amarelos são caracterizados por um húmus bem expresso e um horizonte iluvial castanho-amarelado. O perfil do solo tem normalmente os seguintes horizontes: A-AB-B1-B2-C1-C2 ou A-B1-B2-C1-C2 ou A-AB- B-B1B2-BC. Os principais índices de diagnóstico são bem expressos pelo húmus e por um horizonte B castanho-amarelado com meteorização alítica e um elevado teor de óxido de ferro.

Com base nas suas investigações sobre as características e os processos de formação dos solos, T. Urushadze [27] foi o primeiro a distinguir os solos florestais castanhos amarelos como um tipo de solo geneticamente distinto. As suas investigações foram utilizadas por cientistas japoneses como base para a sua investigação. Ichiro Kano [12] utilizou os factores de formação dos solos da floresta castanha amarela, as suas características de diagnóstico e outros dados para determinar os solos da floresta castanha amarela no Japão como um tipo de solo independente. Os dados de T. Urushadze sobre os solos da floresta castanha amarela foram publicados em livros de texto na Polónia por Z. Prisinkevich [18] e na Rússia por G. Dobrovolsky e I. Urusevskaia [9]. Estes materiais foram também publicados na monografia "Solos da Geórgia" de T. Urushadze [31], bem como no novo mapa de solos da Geórgia à escala de 1:500.000, que foi preparado sob a direção editorial de T. Urushadze.

As rochas-mãe destes solos são porfiritos do jurássico médio, porfiritos e rochas efusivas (andesitos, andesitos-basaltos) e seus derivados em antigas superfícies de denudação.

O clima é subtropical húmido. Os Invernos são quentes (temperatura média em janeiro de 0,7 a 3,2° C), com Verões de temperatura média em julho de 18,8 a 21,8° C. A duração do período de vegetação é de seis a sete meses. A precipitação anual varia entre 1.035 mm e 2.108 mm. Mais de metade da precipitação cai no período quente. A soma das temperaturas activas oscila entre 3.500 e 4.500° C. O coeficiente de humidade anual é superior a um. O relevo é erosivo e denudativo.

A vegetação natural é constituída por florestas subtropicais mistas com florestas de castanheiros, nas quais existem a carpa caucasiana, o carvalho Hartvis, o ácer oriental e outras árvores. A vegetação sub-bosque perenifólia (louro de Cherr, rododendro caucasiano, mirtilo caucasiano) também está representada.

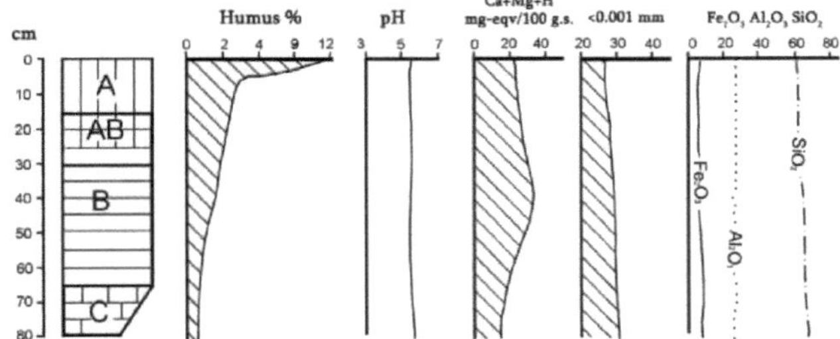

Fig. 15: Parâmetros básicos de solos florestais castanhos amarelos

O horizonte húmico (10YR 3/3.5) com mais de 15 cm de espessura é caracterizado por uma estrutura granular, uma textura argilosa, uma atividade elevada da meso fauna e uma abundância de raízes. O horizonte B castanho-amarelado (10YR 4/4 e 10YR 4/4.5) tem uma estrutura granular; a sua textura é um pouco mais pesada do que a dos horizontes subjacentes. Os seguintes elementos de diagnóstico são típicos dos solos castanho-amarelos: o horizonte *cambial* e os elementos *gleyicos* e *estagnados*. O horizonte cambial é um horizonte de perfil médio, cujo limite superior se encontra a 50 cm da superfície do solo; em comparação com os horizontes subjacentes, é marcado por mudanças de cor e estrutura [35]. No solo castanho-amarelado, o horizonte de perfil médio tem uma estrutura em blocos angulares e uma textura mais pesada. O qualificador *gleyic reflecte* a presença de condições redutoras com cor gley típica em não menos de 25% do volume do solo e com uma clara redistribuição de compostos de Fe e Mn. O qualificador *estagnação* pressupõe a presença de condições redutoras durante algum tempo, ou um padrão de cor estagnado num quarto do volume do solo a 100 cm da superfície do solo [35].

Os solos castanhos amarelos são caracterizados pela reação ácida (o pH do extrato de água é de 4,75 a 5,95). Nos horizontes mais profundos, os valores de acidez real e permutável tornam-se mais baixos. O máximo de acidez permutável (pHKCl 3,55-4,35) foi registado no horizonte húmus e o mínimo de acidez permutável (pHKCl 4,4-5,4) nos horizontes inferiores. A capacidade de troca catiónica varia entre 22,61 e 41,75 cmol(+)/kg; não foram observadas regularidades definidas na sua distribuição no perfil do solo.

Os solos castanhos amarelos têm geralmente uma textura argilosa pesada com o teor máximo de argila física (<0,01 mm) no horizonte B (62%); o teor de argila neste horizonte é de 18-29%.

Os solos castanhos amarelos podem ser atribuídos a Stagnic Luvisols, Ferric Luvisols, Humic Luvisols, Skeletic Luvisols).

Os perfis não reagem com HCl a 10%. Caracterizam-se por uma textura pesada, desde a superfície até à profundidade um aumento do número de fracções argilosas, uma elevada capacidade de absorção (quadro 1,2). As reacções variam de ácidas a neutras (em água) e de ácidas a fracamente ácidas (em KCl). Em profundidade, o teor de carbono orgânico diminui gradualmente. O perfil é uma base insaturada. No horizonte superior e médio a qualidade das bases saturadas é inferior a 50%, mais de 50% encontram-se nos horizontes profundos. Segundo a classificação georgiana, o solo pertence aos solos castanhos amarelos. O nome do perfil segundo a WRB é Epidystric Stagnosol (Luvic, Chromic, Humic, Epiruptic). Epidítrico significa qualidade de saturação de bases <50% desde a superfície até 20-100 cm de profundidade; Lúvico aponta para a existência de horizonte Árgico, que se reflecte na parte intermédia do perfil, de diferenciação textural, por textura argilosa. Crómico - a partir da superfície do perfil do solo na profundidade de 150 cm observa-se uma cor mais avermelhada em relação ao 7,5YR; Húmico - observa-se a partir da superfície a 50 cm de profundidade teor de carbono orgânico ≥1%. Epirúptico - significa quebra litológica da superfície do solo em 25-50 cm de profundidade [35,38].

3.7. Solos de floresta castanha (Haplic, Cambissolos Distróficos, Luvic Phaeozem)

Os solos florestais castanhos são caracterizados por um perfil fracamente diferenciado, embora, por vezes, devido à formação de argila na parte central do perfil, seja visível uma diferenciação textural. Consequentemente, pode ocorrer uma gleyização superficial. O perfil do solo tem os seguintes horizontes: AO - A - Bm - C. A principal caraterística diagnóstica é a argila metamórfica no horizonte Bm.

Na Geórgia, os solos florestais castanhos estão amplamente distribuídos. A área total ascende a 1.329.000 ha, o que representa 18,1% do território total.

Fig. 16: Ocorrência de solos de floresta castanha na Geórgia

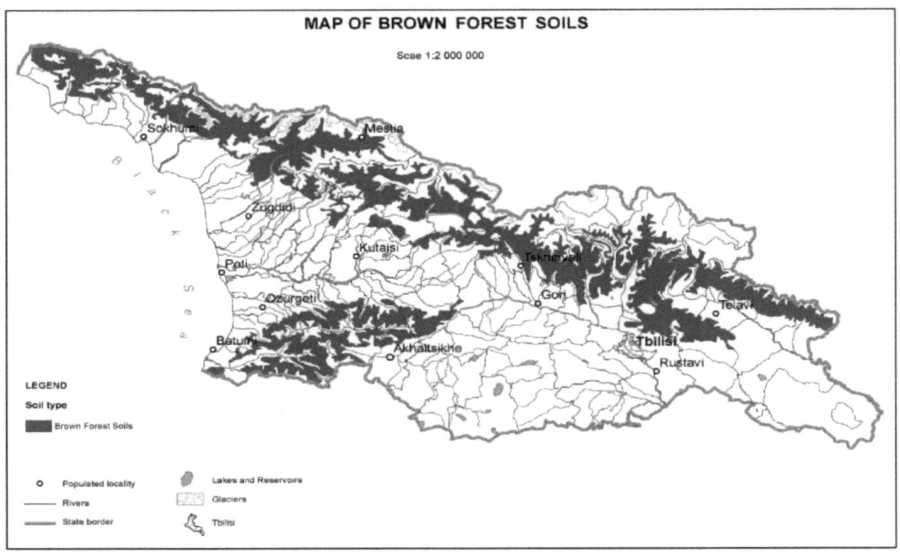

Os solos florestais castanhos ocorrem na Geórgia Oriental e Ocidental, bem como na Geórgia do Sul. Na Geórgia Ocidental, encontram-se entre 800 m (900 m) e 1.800 m (2.000 m), na Geórgia Oriental entre 900 m (1.000 m) e 1.900 m (2.000 m).

Na Geórgia Ocidental, os solos de floresta castanha fazem fronteira com os solos de floresta castanha amarela e de prados de floresta de montanha, na Geórgia Oriental com os solos cinamónicos e de prados de floresta de montanha.

Na zona de solos de floresta castanha manifestam-se fenómenos de desnudação em direcções verticais e horizontais. Como resultado dos processos de erosão e desnudação, ocorre o desenvolvimento de peneplanícies. Os solos de floresta castanha desenvolvem-se principalmente em declives, o que determina uma drenagem livre entre os solos.

Na Geórgia Ocidental, a formação destes solos ocorre em arenitos terciários e ardósias argilosas,

depósitos de argila e conglomerados. Na zona média do Grande Cáucaso, os calcários calcários e jurássicos cobrem uma grande área, formando uma região calcária cársica.

Na outra parte do território, predominam diferentes rochas cristalinas e sedimentares, granitos, gneisses, xistos paleocénicos, arenitos jurássicos e terciários jurássicos.

A parte superior da zona florestal montanhosa da Abcásia, Svaneti e Alto Imereti é formada por granitos e gneisses. Na parte ocidental da zona florestal montanhosa do Pequeno Cáucaso, as rochas efusivas e também os arenitos terciários, as argilas calcárias e as ardósias argilosas ocupam vastas áreas.

A geologia da zona florestal de montanha da Geórgia Oriental é caracterizada por arenitos jurássicos, ardósias argilosas e ardósias argilosas carbonatadas. As formações vulcânicas estão amplamente distribuídas na Geórgia do Sul.

O solo da floresta castanha desenvolve-se em condições quentes e moderadamente húmidas. A temperatura de julho é de 16,8-21,80° C, de janeiro -2,1- - 7,60° C. A temperatura média anual é de 3,8-10,90° C. A precipitação anual oscila entre 527 mm e 1.737 mm. A precipitação mínima ocorre durante os meses de inverno e a máxima em maio e junho. A precipitação anual é superior à evaporação (o coeficiente de humidade anual é superior a 1), o que determina a percolação da água nos solos. Os solos não congelam ou congelam apenas durante um curto período, o que permite uma meteorização intensa e a formação de minerais secundários. Os solos são protegidos por uma cobertura de neve e por florestas durante o inverno.

Os solos florestais castanhos são formados por faias, coníferas escuras, pinheiros, carvalhos e outras espécies vegetais.

As florestas de faias ocupam a maior área e são o principal tipo de vegetação. Formam uma zona natural separada entre 1.000-1.100 m e 2.000-2.100 m a.s.l. Esta zona não é observada apenas em Meskhet- Javakheti. Na Geórgia Ocidental, a uma altitude superior a 1.400-1.500 m, são substituídas por florestas de coníferas escuras.

As florestas de coníferas escuras estão amplamente distribuídas na Geórgia Ocidental, mas na Geórgia Oriental só se encontram na parte ocidental entre 900-1.000 m e 2.000-2.150 m a.s.l. Tal como as florestas de faias, as florestas de coníferas escuras caracterizam-se por uma intensa circulação biológica de azoto e cálcio.

As florestas de pinheiros estão amplamente distribuídas e criam grandes maciços em regiões mais ou menos isoladas do Grande Cáucaso (Svaneti, Khevsureti, Mta-Tusheti) e também em regiões com clima continental (em Kartli, bacia do rio Tana e Meskhet-Javakheti).

As florestas de carvalhos têm diferentes espécies de carvalhos, entre as quais o Quercus iberica, amplamente distribuído, que forma maciços florestais na Geórgia Oriental e Ocidental entre 400 (500) m e 1.000 (1.100) m a.s.l.

Os solos de floresta castanha são caracterizados por uma pedogénese relativamente jovem, com tendência para se desenvolverem na direção de outros tipos de solo.

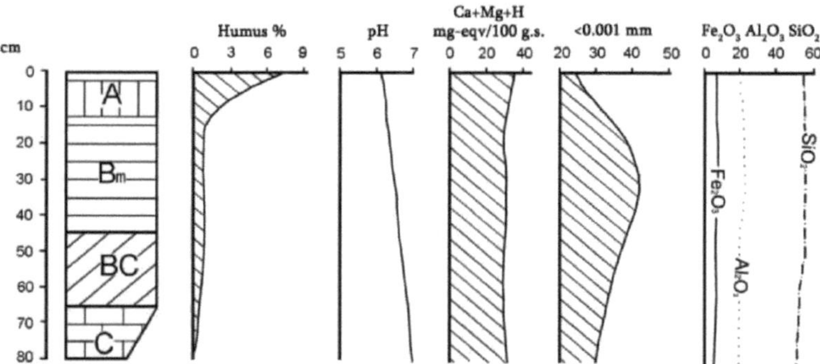

Fig. 17: Parâmetros básicos de solos florestais castanhos

Os horizontes de húmus são relativamente escuros (10YR 3/2 e 10YR 3/1.5) e têm uma estrutura de migalhas ou de blocos angulares. O teor da fração grosseira de cascalho aumenta para baixo. Estes solos estão empobrecidos em carbonatos e têm uma textura pesada; os revestimentos argilosos são típicos. O horizonte B corresponde ao horizonte cambial; é um horizonte de perfil médio com características distintas de transformação de uma série de

38

propriedades em comparação com o material de origem. Os solos de floresta castanha são ácidos ou ligeiramente ácidos. A acidez efectiva diminui gradualmente ao longo do perfil do solo. Varia de pH 4,45 no horizonte do húmus a pH 5,15 nos horizontes inferiores. O teor de carbono orgânico nos horizontes de húmus é de 2,68-4,30%; nos horizontes inferiores, diminui para 0,42-1,64%. Os solos de floresta castanha são caracterizados por uma elevada capacidade de troca catiónica: 34,29 a 38,05 cmol(+)/kg. O teor físico de argila (<0,01 mm) é de 55-66%; o teor de argila é de 20- 28%. As características de argilização são observadas no horizonte B com o teor máximo de argila [28]. A presença de um horizonte cambial rico em argila no perfil de solos de floresta castanha permite-nos atribuir estes solos ao grupo dos Cambissolos [14,17,23].

A principal caraterística diagnóstica do horizonte cambial é a transformação da estrutura litogénica em estrutura pedogénica, tonalidades avermelhadas e algum aumento do teor de argila não relacionado com a iluviação. Estes solos ocorrem em diferentes climas e sob diferentes comunidades vegetais. Os solos de floresta castanha da Geórgia ocidental são classificados como Cambissolos Háplicos (Distróficos). Em alguns casos, pode ser-lhes aplicado o qualificativo húmico (quando o teor orgânico não é inferior a 1% nos 50 cm superiores). Os perfis específicos aqui descritos são classificados como Haplic Cambisols (Dystric) e Haplic Cambisols (Humic, Dystric).

Outra variante é um solo na Geórgia Oriental Pr. 4 Estrada de Tskneti-Kiketi, cume Trialeti, altitude 1.300 m.a.s.l.; exposição norte, inclinação 1214°. Rocha predominante: Arenito; a vegetação florestal é apresentada: floresta de *Fagus orientalis Lipsky, Carpinus caucasica A. Grossh., Acer laetum C.A.M., Acer campestre L., Tilia caucasica Rupr.,* como sub-bosque

- *Sambucus nigra L., Svida australis Pojark., Viburnum opulus L.;* a cobertura herbácea é apresentada: *Asperula odorata L., Festuca montana MB., Sanicula europaea L.*

Análise morfológica do perfil:

A - 1-15 cm - 10 YR 3/2, granular, friável, poucas raízes, argiloso, não efervescente com 10% HC1, transição clara;

BC1 - 5-35 cm - 7.5 YR 3/2, friável, argiloso, compacto, esqueleto, sem raízes, sem efervescência com 10% HC1, transição gradual;

BC2 - 35-70 cm - 7.5 YR 3.5/3, friável, argiloso, compacto, poucas raízes, menos esqueleto, sem efervescência com 10% HC1, transição gradual;

C - >70 cm - 7.5 YR 4.5/4 , friável, argiloso, sem raízes e sem pedras, não efervescente com 10% HC1.

O perfil é caracterizado por uma textura pesada e um teor acentuadamente aumentado de argila na profundidade do perfil, saturação de bases, baixa acidez de troca, a reação varia de ácido fraco a neutro (em água) e de ácido a ácido fraco (em KC1) (quadro 1,2). Segundo a classificação da Geórgia, este perfil de solo pertence ao solo castanho da floresta, o horizonte superficial do perfil é caracterizado como Molic: textura granular, elevado teor de saturação de bases, o teor de carbono orgânico é >0,6%. Por estas características, o perfil do solo pode referir-se ao grupo de Phaeozem, que tem um horizonte Molic e saturação de bases > 50%. O principal qualificador selecionado foi o lúvico, que indica a existência de um horizonte Árgico, uma capacidade de troca catiónica de pelo menos 24 smol/kg, um teor acrescido de argila em profundidade e a sua ilusão [World Reference Base For Soil Resources; World Soil Resources Reports 106;

Food And Agriculture Organization Of The United Nations. Roma, 2014, 181pp.. Base de referência mundial para recursos do solo. Relatório Mundial de Recursos do Solo nº 103. Relatório sobre os Recursos Mundiais do Solo n.º 103. Roma: FAO, 2006. 144 p.]. O nome do perfil da WRB é Luvic Phaeozem.

3.8. Solos negros da floresta castanha (Chernosems Haplic)

Os solos pretos da floresta castanha são caracterizados por um horizonte de húmus espesso com um regime hídrico húmido. O perfil do solo tem normalmente os seguintes horizontes: A0-A11-A111-A1111-BC2 ou A0-A11-A111-AC2. As características de diagnóstico são uma cor castanho-escura (castanho-escuro), uma estrutura em blocos de grandes dimensões (esfarelada e arenosa no horizonte All), uma estrutura comparativamente friável e a ausência de carbonatos. Os solos negros da floresta castanha distribuem-se na cintura florestal do Pequeno Cáucaso entre 1.100 m e 1.600 m. Estes solos fazem fronteira com os solos da floresta castanha.

Na Geórgia, este solo foi cartografado pela primeira vez com este nome por T. Urushadze (1987). Este descreveu o seu desenvolvimento genético e provou a necessidade de o distinguir como um tipo de solo distinto.

As rochas-mãe do solo preto da floresta castanha são andesito-basalto num relevo plano inclinado para Sul.

Os solos negros da floresta castanha formam-se num clima frio e húmido (verão frio e inverno frio). A temperatura no mês mais frio, janeiro, é de -2,20 °C, no mês mais quente, julho, é de 18,60° C, com uma temperatura média anual de 8,00° C. A soma das temperaturas activas é de 2.200-2.5000° C. A duração do período de vegetação é de cinco meses. A precipitação anual atinge 700 mm com um máximo em maio e junho.

A vegetação é caracterizada por Quercus macranthera. A densidade da floresta é baixa, com uma cobertura herbácea intensa. Para além dos carvalhos, também se encontram faias e carpas.

Os solos negros da floresta castanha diferem dos solos da floresta castanha através de um poderoso horizonte de húmus, humificação profunda, distribuição igual de silte e argila, menor acumulação de folhada.

Os solos negros das florestas castanhas diferem dos chernozems por uma reação ácida fraca e um tipo de húmus fúlvico.

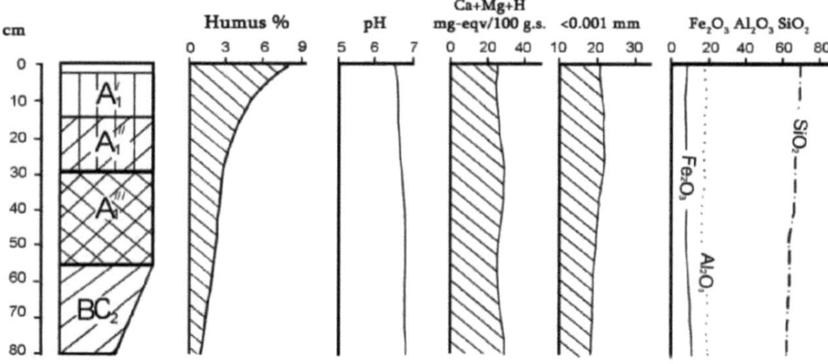

Fig. 18: Parâmetros básicos dos solos pretos da floresta castanha

A génese destes solos está diretamente relacionada com a química das rochas-mãe (andesito-basalto), nomeadamente com o elevado teor de cálcio. Por conseguinte, a vegetação natural (Quercus macranthera F.et M. e gramíneas abundantes) é também rica em cálcio. A influência intensiva da vegetação nos processos de renovação biológica é a razão da composição organo-mineral do solo e dos horizontes de húmus profundos.

O regime húmido de humidade exclui a acumulação de carbonato e favorece a formação destes solos.

3.9. Solos Carbonatados Brutos (Leptossolos Rêndzicos)

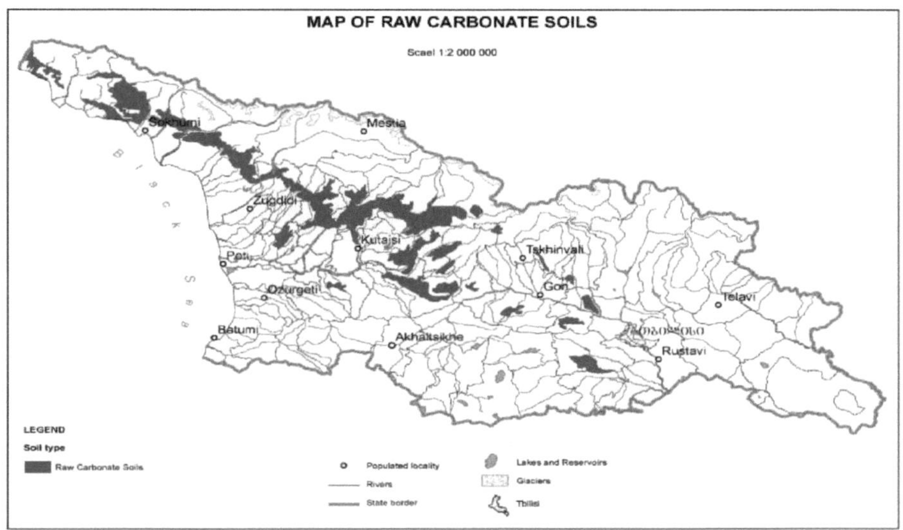

Fig. 19: Ocorrência de solos carbonatados brutos na Geórgia

Os solos carbonatados crus são caracterizados por perfis fracamente diferenciados. Os perfis do solo têm normalmente os seguintes horizontes: AO-A-AB-BC. Formam-se principalmente na zona florestal sobre rochas carbonatadas (por exemplo, calcário, mármore, dolomite e argila calcária) e são caracterizados por um regime de humidade de lixiviação ou lixiviação periódica. O solo tem um horizonte de húmus bem expresso com uma elevada capacidade de troca.

A área total de solos carbonatados crus compõe 4,5% (317.200 ha) da área total do país.

Estes solos estão amplamente distribuídos na Geórgia Ocidental: Abkhazia, Samegrelo, Racha-Lechkhumi e Zemo Imereti, e também na Geórgia Oriental: Mtiuleti, Samachablo, Kakheti e Kartli, principalmente em zonas com calcário e argilas calcárias. Para além da faixa florestal de montanha, os solos de carbonato bruto estão distribuídos na zona subtropical húmida e seca das montanhas altas.

Nas regiões com rochas carbonatadas, encontramos dois tipos principais de relevo: glaciar e cársico. O primeiro desenvolve-se a partir de antigos glaciares. Este tipo representa uma faixa contínua nas altas montanhas da Geórgia Ocidental. O relevo glaciar encontra-se principalmente em corredores, circos, trogloditas e cársicos. O relevo cársico está amplamente distribuído na Geórgia Ocidental. O desenvolvimento do carste está relacionado com a estrutura dos sistemas carbonatados. Na Geórgia, podem distinguir-se duas formas de fenómenos cársicos: o cársico subterrâneo e o cársico de superfície. Juntamente com os processos cársicos nos contrafortes da Abcásia, ocorrem fenómenos de deslizamento de terras, que formam o carste de deslizamento de terras.

Nas áreas com solos carbonáticos brutos o relevo é erosivo e caracterizado por formas de denudação, denudação-acumulação e deslizamento de denudação.

As montanhas de calcário formam uma faixa contínua desde o rio Psou até à cordilheira de Likhi (Surami). Sob diferentes condições climáticas, os produtos da meteorização preservam a sua composição inicial ou perdem rapidamente os carbonatos. Muito depende das propriedades das rochas, por exemplo, densidade, conteúdo de poros, "limpeza" da rocha (presença de aditivos não carbonáticos).

Na zona florestal da Geórgia, o clima é moderadamente quente. A temperatura no mês mais frio é de -1- 4° C, no mais quente de 18-20° C. A soma das temperaturas activas é de 2.000-3.500° C. A precipitação total atinge 1.400-1.600 mm.

A vegetação é constituída principalmente por florestas de carvalhos e carvalhos com diferentes tipos de gramíneas. As superfícies cultivadas são utilizadas para vinhas, pomares, entre os quais pomares subtropicais, loureiros e outras culturas perenes.

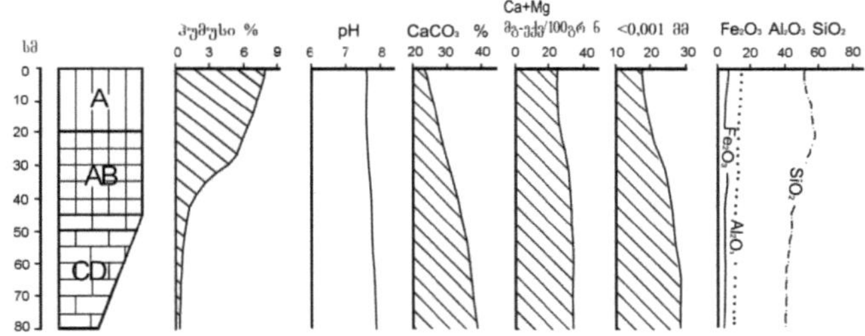

Fig. 20: Parâmetros básicos dos solos carbonatados brutos

Os solos carbonatados brutos pertencem aos Leptossolos, que têm um horizonte molicano e são formados diretamente sobre substratos carbonáticos, o que lhes confere um carácter rendzico.

3.10. Solos cinzentos cinamónicos (Calcic Chernozem)

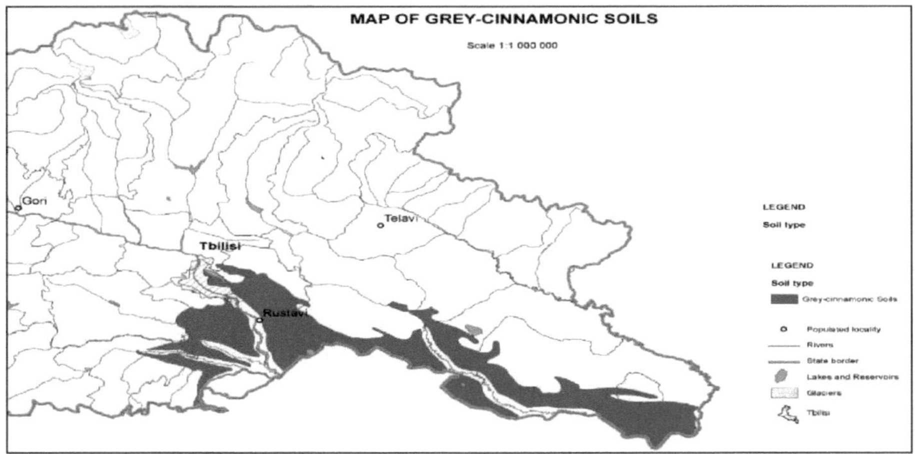

Fig. 21: Ocorrência de solos cinzentos cinamónicos no leste da Geórgia

Os solos cinzentos cinamónicos são caracterizados por perfis menos diferenciados que apresentam os seguintes horizontes: ACa-BmCa-BCam-BCCa.

As principais características de diagnóstico são um baixo teor de húmus e carbonatos, na parte média do perfil uma argilização bem expressa e a presença de carbonatos perto da superfície.

Na Geórgia, a área total de solos cinzentos cinamónicos é de 5,8% (402.000 ha). Estes solos estão distribuídos no sudeste de Mameuli, Gardabani, Sagarejo e outros distritos. Fazem fronteira com os solos cinamónicos, negros e cinzentos de prado.

Os solos cinzentos cinamónicos formam-se nas condições de um clima subtropical seco moderado. A temperatura do mês mais frio é de 0-10° C, a mais quente de 24-25° C, com uma temperatura média anual de 12-13° C. A duração do período de vegetação excede os sete meses (220 dias). A soma das temperaturas activas atinge os 4.000-4.500° C. A precipitação média anual é de 300-500 mm, com um máximo de precipitação na primavera e no outono (80%). A cobertura de neve é rara. O número de dias de neve oscila entre 20 e 40. O coeficiente médio anual de humidade é de 0,4-0,6.

O relevo é caracterizado por planícies, contrafortes e montanhas baixas.

As rochas que formam o solo são sedimentos proluviais, aluviais, eluviais e deluviais de textura, mineralogia e composição química diferentes. Por vezes, estes sedimentos são salgados.

A vegetação é de estepe seca, representada por Andropogon, Stipa, Artemisia e gramíneas mistas. A vegetação arbustiva é constituída por

Paliurus spina- christi e Carpinus orientalis. A maior parte do território é utilizada para a agricultura, por exemplo, trigo, centeio, milho e girassol. Uma área relativamente pequena é ocupada por culturas perenes, pomares e vinhas; entre o melão e outras culturas hortícolas, encontramos também o gerânio. Uma parte considerável do território é ocupada por pastagens de inverno.

A formação dos solos cinzentos cinamónicos é bastante antiga.

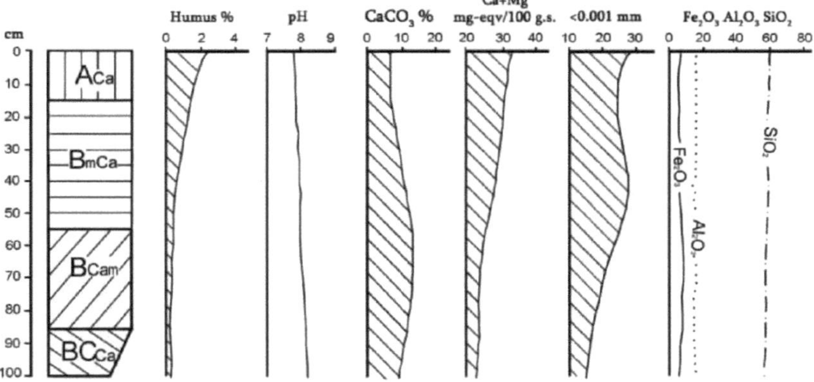

Fig. 22: Parâmetros de base dos solos cinzentos cinamónicos

Os solos têm horizontes de húmus profundos; lixiviação de carbonatos na parte superior do perfil, provavelmente causada por irrigação frequente. Os solos são caracterizados por uma textura argilosa e bases de saturação elevadas. O horizonte de lavoura é fracamente ácido. O teor de carbono orgânico está a diminuir gradualmente. O teor de carbonato é observado na parte central do perfil. De acordo com a classificação georgiana, o perfil pertence a um solo cinzento-cinamónico, que se encontra fixado num horizonte bem desenvolvido, espesso, de cor escura e pouco profundo, rico em húmus; o perfil é caracterizado por bases de saturação elevadas, exceto na parte superior do horizonte, que é rica em húmus. Este perfil específico mostra solos cinzento-cinamónicos, com base nestas características de diagnóstico refere-se ao grupo dos Chernozems, a partir da superfície da espessura do perfil de 50 cm observa-se um conteúdo de carbonatos e, consequentemente, no nome podemos usar o qualificador principal (prefixo) cálcico [24, 35, 38] O nome do perfil pelo WRB é Calcic Chernozem.

3.11.Solos cinzentos cinamónicos de prados (Haplic Kastanozems, Gleyic Kastanozems, Vertic Kastanozems)

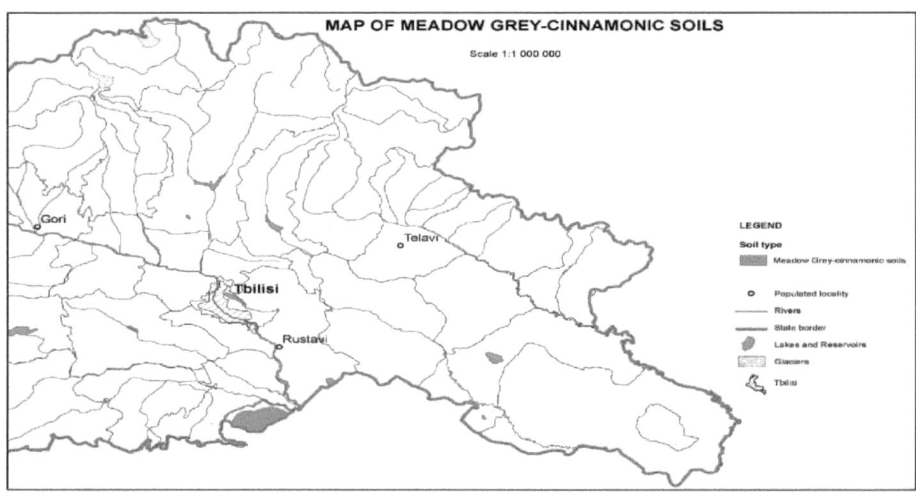

Fig. 23: Ocorrência de solos cinzentos cinamónicos de prado no sudeste da Geórgia

Os solos cinzentos cinzentos de várzea caracterizam-se por um perfil não diferenciado, e têm um perfil mais profundo em comparação com os solos cinzentos cinzentos de várzea, com sinais de gley em todo o perfil e com uma argilização intensa. O perfil do solo apresenta normalmente os seguintes horizontes: ACa(g) -BtCa(g)-BCat(g) -BCCag-Cg.

Na Geórgia, a área total de solos cinzentos cinzentos de prado é de 3,3% (228.800 ha). O solo cinzento-cinamónico dos prados é formado por solos cinzentos-cinamónicos em condições de humidade elevada. Os solos estão

48

principalmente distribuídos nos distritos de Marneuli e Gardabani, no distrito de Kaspi numa área relativamente pequena e no vale de Alazani (lado direito de Alazani, parte sudeste) numa área bastante grande.

Os solos cinzentos cinzentos dos prados desenvolvem-se em condições climáticas subtropicais moderadamente secas. A temperatura do mês mais frio é de 0-10° C, a mais quente de 24-25° C. A duração do período de vegetação excede os sete meses (220 dias). A soma das temperaturas activas é de 4.000-4.500° C. A precipitação média anual é de 300-500 mm, com um máximo na primavera e no outono (80%). A cobertura de neve é fraca. O número de dias de neve oscila entre 20-40. O coeficiente de humidade médio anual é de 0,4-0,6.

O relevo é constituído por planícies, sopés e montanhas baixas.
As rochas que formam o solo são sedimentos proluviais, aluviais, aluviais-deluviais com diferentes texturas e características mineralógicas e químicas. Por vezes, os sedimentos são salgados.

A vegetação é uma estepe seca. A maior parte do território é ocupada por pastagens de inverno.

O fator antropogénico (influência da irrigação) desempenha atualmente um papel importante no processo de formação dos solos cinzentos cinzentos de prado, que são comparativamente antigos.

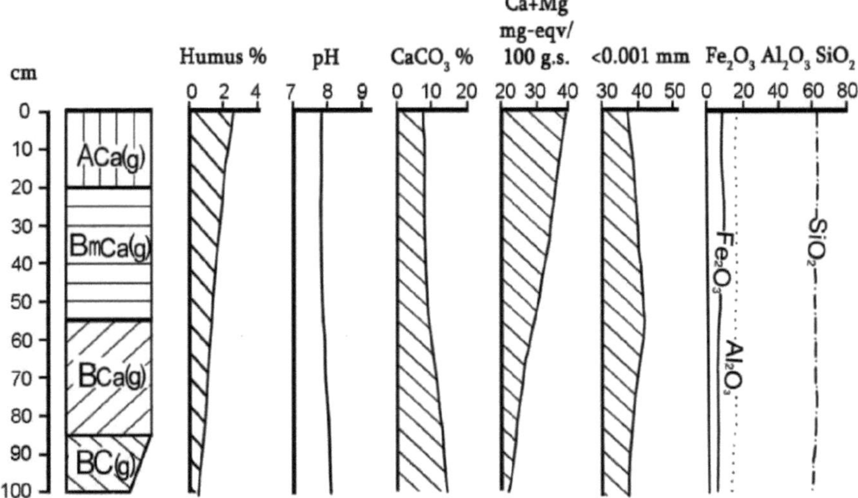

Fig. 24: Parâmetros de base dos solos cinzentos-cinzentos-cinzentos dos prados

Os solos cinzentos cinzentos de prado são caracterizados por uma reação alcalina ou alcalina fraca, um baixo teor de húmus (no horizonte húmico 2,5% C), mas um perfil profundamente humificado. Os carbonatos chegam até à superfície, mas diminuem com a profundidade. A saturação de bases é elevada, com predominância de cálcio. O solo tem um teor baixo a médio de argilas. Nas partes média e baixa há sinais de argilização.

Os solos também apresentam um classificador gleyic e propriedades verticais. O determinante gley significa propriedades gleyicas desde a superfície do solo até uma profundidade de 100 cm. Os resultados da restauração são expressos por uma cor gleyica com sinais de gleyização, que é expressa por cores cinzentas verde-escuras (Gley 14/10 YR) a >50 cm de profundidade.

No horizonte dos solos com restauração observam-se cores ferruginosas. As propriedades verticais são caracterizadas por fracções de argila não inferiores a 30% (pelo menos a 15 cm de profundidade) e pela presença de agregados superficiais brilhantes "Slickensides".

3.12. Solos Cinamónicos (Cambissolos Crómicos, Cambissolos Cálcicos, Cambissolos Húmicos, Cambissolos Eutróficos)

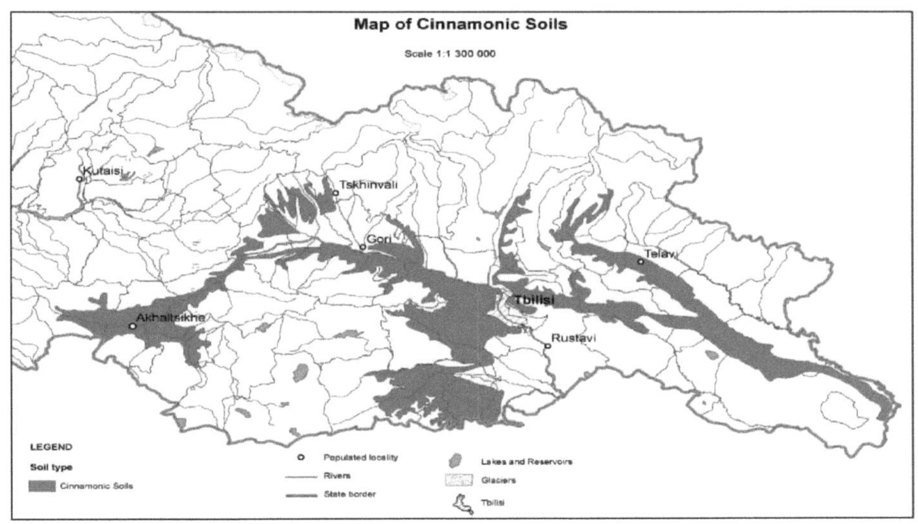

Fig. 25: Ocorrência de solos cinamónicos na Geórgia

Os solos cinamónicos caracterizam-se por uma clara diferenciação de cores, um balanço hídrico negativo e um distinto processo de argilização. O perfil do solo tem normalmente os seguintes horizontes: A-B(Ca)-BC(BCCa)-CCa. As principais características de diagnóstico são um horizonte com formação de argila e carbonatos de cálcio em todo o perfil.

Na Geórgia, a área total de solos cinamónicos é de 4,8% (311.600 ha). Distribuem-se na Geórgia Oriental, na estepe florestal subtropical, principalmente entre 500 m (700 m) e 900 m (1.300 m) a.s.l. Nos seus limites inferiores existem solos cinamónicos de prado, cinamónicos cinzentos e chernozem negros (planos), nos limites superiores solos florestais castanhos.

Os solos cinamónicos formam-se sob um clima subtropical seco, com invernos quentes, quase sem neve, e verões quentes e secos. A temperatura média em janeiro é de -2,6 a 0,6° C, a de julho é de 20-24° C e a temperatura anual varia entre 9,3- 12,5° C. A duração do período de vegetação é de cerca de sete meses. A soma das temperaturas activas oscila entre 2.800 e 3.800° C, com uma precipitação média anual entre 300 e 800 mm e dois máximos no final da primavera e no início do outono. Durante o período frio, a precipitação é muito baixa. O coeficiente de humidade anual é de 0,5-0,8. Consequentemente, o regime hídrico do solo é impermacídico, ou seja, a evaporação excede a precipitação.

A erosão é o principal processo de formação da paisagem, em parte também provocada pelas torrentes das montanhas, que cortam numerosas ravinas largas. No interior de Kakheti, a influência negativa das torrentes das montanhas é claramente expressa, cuja intensidade é apoiada por arenito conglomerático friável neogénico "retina fria" e rochas calcárias paleogénicas.

A geologia da parte noroeste da região é constituída por formações paleógenas areno-argilosas e vulcanogénicas, mas também por conglomerados, arenitos e calcários. A parte oriental e nordeste é constituída por arenitos, conglomerados friáveis e também por calcários (margas) e sedimentos semelhantes a loess. Encontram-se também rochas vulcânicas, tufos porfíricos, brechas de tufo, fluxos de lava, calcários e arenitos e argilas pleistocénicos e oligocénicos.

Devido ao clima e às rochas-mãe ricas em catiões bivalentes, desenvolvem-se camadas de carbonato.

No entanto, a paisagem é quase totalmente de natureza antropogénica.

A vegetação é constituída por florestas secas com predominância de carvalhos. De acordo com V. Gulisashvili (1980), as florestas secas ou florestas ligeiras pertencem às savanas do clima subtropical. Também se encontram espécies caducifólias, como pistácios e peras selvagens, e arbustos, como romãzeiras e outros, e juníperos nas encostas. Todas estas plantas gostam de luz solar, são resistentes à seca e têm sistemas radiculares muito profundos.

Para além do Quercus iberica, também estão presentes Fraxinus excelsior, Acer campestre, Pyms caucasica, Carpinus caucasica, Carpinus orientalis, Ulmus foliacea, Acer laetum e, entre os arbustos, Crataegus orientalis, Mespilus germanica, Comus australis, Piracants coecinea e Evonymus verrucosa: Crataegus orientalis, Mespilus germanica, Comus australis, Piracants coecinea e Evonymus verrucosa.

Após o corte raso das florestas de carvalhos, foram instaladas pastagens com uma vegetação composta principalmente por arbustos secundários. A estes derivados das florestas de carvalhos N.Ketskhoveli deu o nome de florestas "baixas e farpadas", com Pyrus, Crataegus, Paliurus spina-christi e Jasminum. Através de outros processos de degradação, esta vegetação também desaparece e surge a estepe secundária.

Os solos cinamónicos são caracterizados por formações de solo comparativamente antigas.

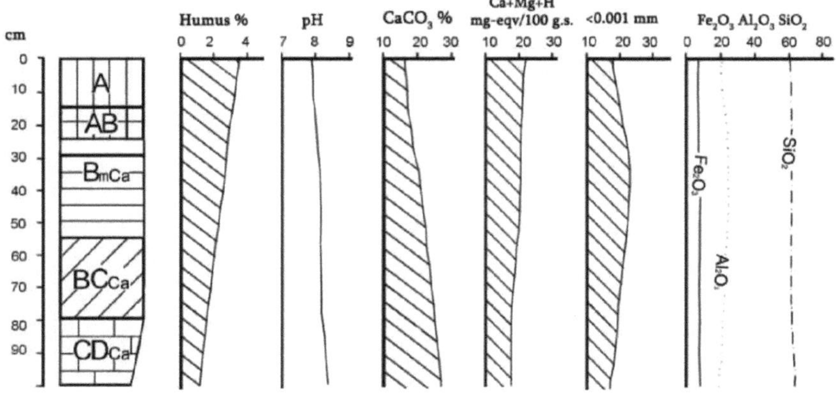

Fig. 26: Parâmetros básicos dos solos cinamónicos

Os solos cinamónicos são idênticos aos cambissolos. Os solos cinamónicos têm um horizonte B cambico, com características de diagnóstico: textura pesada, maior teor de argila e silte em comparação com os horizontes superior e inferior, menor teor de carbonatos em contraste com o horizonte inferior com uma espessura >15 cm. Existe um horizonte superficial molicano de cor escura no perfil. A sua espessura inclui um horizonte AB de transição, semelhante ao horizonte superficial. Os critérios de diagnóstico do horizonte molicano são: estrutura granular crumby e crumby bem expressa, não compacta, teor de carbono orgânico >0,6% (húmus>1%), saturação de base elevada. Os solos cinamónicos apresentam os seguintes sinais de diagnóstico: crómico, cálcico, húmico, eutrófico.

3.13. Solos cinamónicos de prados (Chromic Cambisols, Calcaric Cambisols, Gleyic Cambisols, Eutric Cambisols)

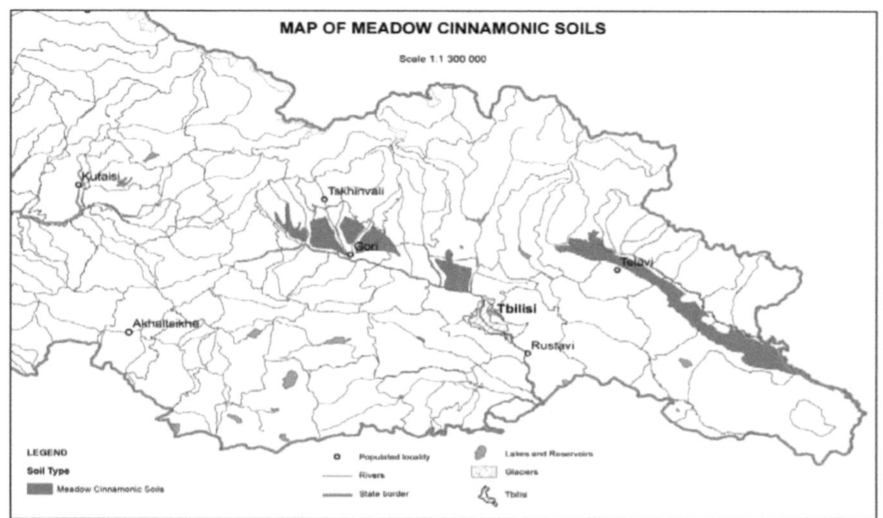

Fig. 27: Ocorrência de solos cinamónicos de prado na Geórgia

Os solos cinamónicos de várzea caracterizam-se por uma diferenciação do perfil pouco expressa, mais profunda do que nos solos cinamónicos, em todo o perfil ou nas suas partes inferiores com sinais de gleização, com horizontes carbonato-iluviais pouco expressos. O perfil do solo apresenta os seguintes horizontes: A-AB-B-BC-C ou A11-A111-B1-B2-BC.

Na Geórgia, a área total de solos cinnamónicos de prado é de 1,9% (130.400 ha). Formam-se nas depressões das áreas de solos cinamónicos, que são influenciadas pelo aumento das águas subterrâneas, superficiais e mistas. Encontram-se na parte inferior e superior de Kartli, Kakheti (margem direita do rio Alazani) e Meskheti.

Os solos de prados cinamónicos estão distribuídos na zona estepe subtropical da Geórgia. O clima é moderadamente quente, com temperaturas anuais entre 9,9 e 0,6° C; no mês mais frio, janeiro, a temperatura desce até -16° C, no mais quente, julho, a temperatura atinge 21,8° C. A temperatura mínima absoluta é de -29° C (Mukhrani). A duração do período de vegetação é de seis a sete meses. A soma das temperaturas activas é de 2.800-3.800° C. O teor de precipitação oscila entre 464-512 mm com um coeficiente de humidade de 0,54-0,95.

As rochas que formam o solo são sedimentos aluviais e deluviais-proluviais de textura pesada, por vezes até 100 m de profundidade. A camada superior é argilosa e a vegetação natural é constituída por florestas de carvalhos. Atualmente, a maior parte do território é cultivada, com jardinagem e vinha. Este solo é normalmente irrigado.

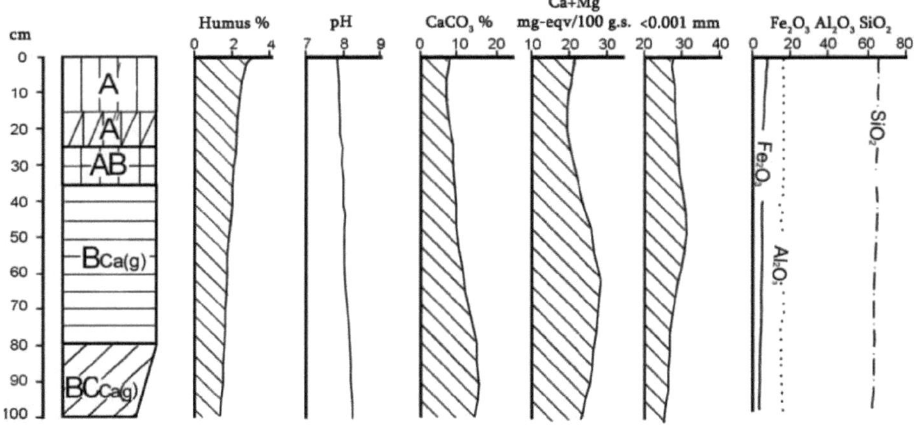

Fig. 28: Basic parameters of Meadow Cinnamonic Soils

Os solos cinamónicos dos prados podem ser classificados no grupo dos Cambissolos. Foram observadas as seguintes propriedades de diagnóstico: teor de carbonato de cálcio à superfície, pelo menos entre 20-50 cm, gleyic com cor gleyic distinta. O gleyic, chamado Endogley, na parte inferior do solo deve-se à influência da água subterrânea e provoca condições redutoras. Como resultado, nas superfícies dos agregados concentram-se óxidos de ferro e manganês, que são macios e friáveis em condições secas e apresentam propriedades secundárias de carbonatização. Os perfis investigados são de carácter eutrófico.

3.14.Solos negros (Haplic Vertisols)

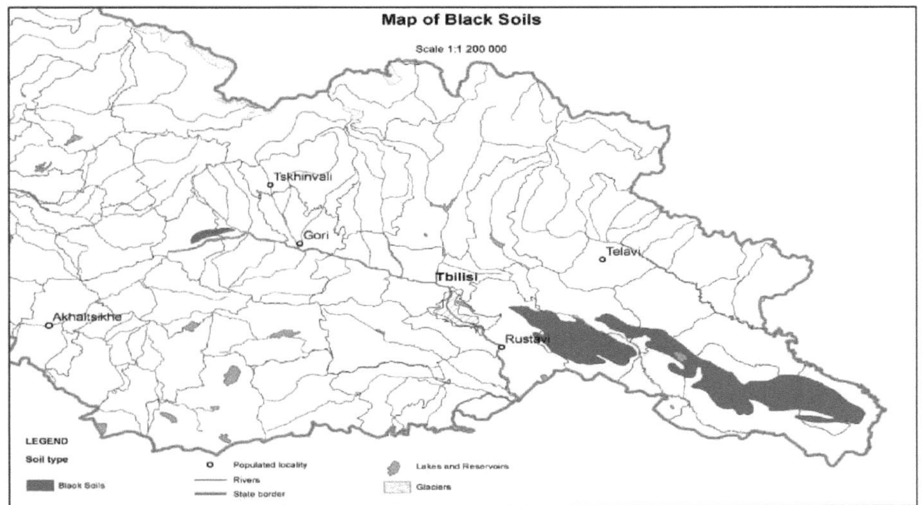

Fig. 29: Ocorrência de solos negros na Geórgia

Os solos negros (os chamados chernozems simples) caracterizam-se por uma diferenciação claramente expressa, horizontes de húmus poderosos, elevada compacidade e textura argilosa. O perfil do solo tem normalmente os seguintes horizontes: A- B(Ca)-BC(BCCa)-CCa. Os principais caracteres de diagnóstico são a cor preta da resina na parte superior do perfil (normalmente com brilho lustroso), a carbonatização e a argilização na parte intermédia.

Na Geórgia, a área total de solos negros é de 3,9% (266.800 ha). Estes solos estão distribuídos na zona de planície entre as montanhas, no exterior e no interior de Kakheti, na parte inferior e, em especial, nas regiões do Médio Kartli.

A zona de planície intermontanhosa da Geórgia Ocidental, onde se distribuem os solos negros, formou-se como um tipo de denudação-acumulação ou um tipo geomorfológico baseado em processos de acumulação. Na maior parte das depressões de Mtkvari, do Suramo ao Shiraki hollow, e também na planície de Alazani, áreas particularmente vastas são ocupadas por tipos de acumulação por denudação. As formas de relevo da zona de planície montanhosa são comparativamente jovens, pertencem aos períodos terciário superior e quarternário. Aqui, os sedimentos delúvio-proluviais foram amplamente distribuídos. Em geral, as planícies deluviais-proluviais são típicas das zonas montanhosas limítrofes e a sua formação baseia-se principalmente em fluxos temporários. Nas zonas de solos negros, encontram-se terraços de encosta e peneplanícies de cordilheira das terras baixas. Hipometricamente, os terraços de encosta ocorrem entre 650 e 750 m de altitude. Este tipo de planícies foi formado por movimentos de massa no período quarternário. Grande parte dos solos negros também se desenvolve na planície da peneplanície. A planície de peneplanície do Kakheti exterior situa-se entre 700 e 1.000 m a.s.l. Na área dos solos negros, os tipos de relevo acumulativo estão amplamente desenvolvidos, apresentando-se sob duas formas: cavidades e planícies aluviais.

A geologia baseia-se em sedimentos de sormat e agchagil-apsheron. As rochas da série agchagil são argilas azuis, cinzentas-azuis e castanhas-acinzentadas, que contêm normalmente gesso e estão estratificadas como os xistos. Na parte média da depressão do Grande Shiraki, distribuem-se amplamente sedimentos argilosos ricos em gesso e argila, de cor cinzenta-branca, que na periferia se transformam em sedimentos argilosos carbonatados que contêm grandes cristais de gesso. Na zona de Small

Shiraki, Shuamta e Zilchi encontram-se principalmente conglomerados e sedimentos areno-argilosos.

Os solos negros desenvolvem-se num clima subtropical seco, com invernos quentes, quase sem neve, e verões quentes e secos. A temperatura do mês mais quente, junho, é de 22-23,9° C, e a do mês mais frio, janeiro, de 0,3,-3,8° C. A temperatura média anual é de 10-11,9° C. A soma das temperaturas activas atinge 4.000° C. A duração do período de vegetação é de seis a sete meses. A precipitação anual oscila entre 400 -600 mm, com um mínimo nos meses de inverno e um máximo em maio e junho. Ao longo do ano, a evaporação é superior à precipitação (o coeficiente de humidade varia entre 0,3-0,9). A humidade média anual do ar varia entre 64 e 70%. Durante o ano, a temperatura do solo não desce abaixo de 0° C e, por conseguinte, a atividade biológica do solo é suficientemente elevada e os processos de formação do solo continuam com intensidade diferente durante todo o ano.

Os solos negros estão distribuídos nas estepes subtropicais secas. Estas estepes dividem-se em dois grupos: primárias e secundárias. A vegetação da estepe é caracterizada por Andropogon, Aristella, Stipa e uma grande diversidade de outras gramíneas.

A estepe de Andropogon situa-se no Kakheti interior, no Kartli exterior e inferior e no Kartli interior, entre 300 m e 700 m. As principais plantas desta estepe são Paliuris spina-christi, Arctostaphylos uva-ursi e a erva Andropogon ischaemum. As estepes de Andropogon estão distribuídas no Kakheti interior e exterior e em Kartli. A planta indicadora desta estepe é o Andropogon ischaemum. A variedade de espécies na estepe de Andropogon é influenciada pelo tempo e pela intensidade da exploração. A estepe de

Stipa encontra-se em áreas limitadas nas regiões de Gareji e Shiraki, entre 600 e 750 m. Para além da Stipa, também se encontra a Festuca. A grande diversidade de gramíneas encontra-se principalmente na parte central de Kakheti Exterior, onde dominam Dactylis glomerata, Onobrychis iberica e Lotus.

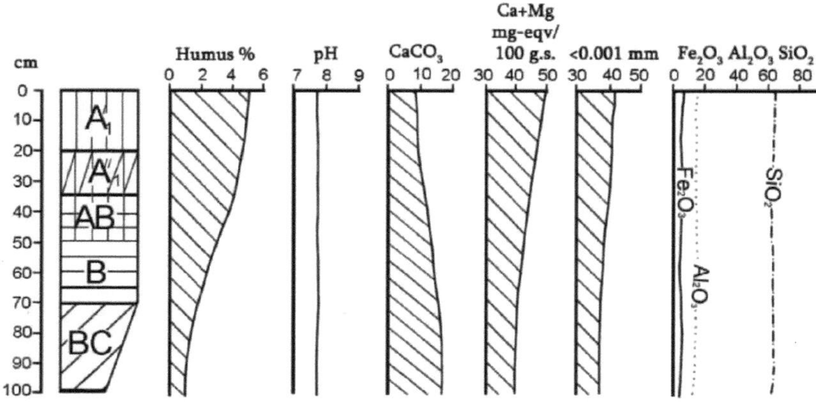

Fig. 30: Parâmetros básicos dos solos negros

Assim, as terras pretas são caracterizadas por horizontes húmicos de cor preta bem expressos, textura compacta, estrutura crumby-angular ou blocky-prismática, horizonte iluvial carbonatado bem expresso, textura pesada, argilização do perfil.

Os solos negros são caracterizados por uma reação alcalina fraca. O carbonato de cálcio está presente em todo o perfil. Com a profundidade, o seu teor aumenta gradualmente. O teor médio de CaCO3 é de 7-20%, o teor de matéria orgânica no horizonte situa-se entre 4 e 5%, diminuindo com a profundidade. O principal componente do húmus da terra preta é o ácido húmico, que se caracteriza por um tipo de húmus humado.

Os solos negros pertencem aos Vertisols devido ao horizonte vertical, no qual ocorrem periodicamente processos de inchamento e retração, que formam slickensides. O qualificador seria haplic.

3.15.Chernozems (Chernozems Vorónicos, Calcic Chernozems)

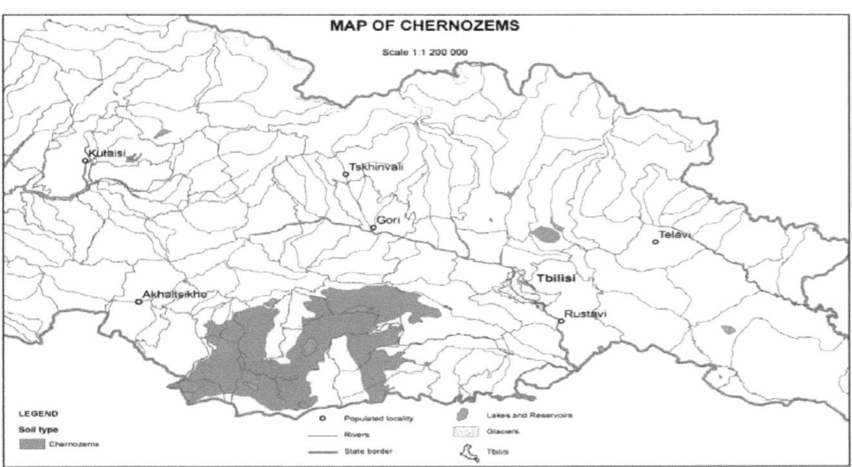

Fig.31: Ocorrência de Chernozems na Geórgia

Os chernozems (os chamados chernozems de montanha) caracterizam-se por um horizonte de húmus espesso. O perfil do solo tem normalmente os seguintes horizontes: A11-A111-AB-BC. Na Geórgia, a área total de chernozems é de 1,4% (99.200 ha). Estes solos estão distribuídos nas regiões montanhosas do sul, entre os 1.200 e os 1.900 m de altitude.

A maior parte dos chernozems da Geórgia do Sul desenvolveu-se no planalto vulcânico, que é de natureza plana. A parte central desta região é ocupada por dois maciços montanhosos vulcânicos, as cordilheiras de Kechit e Amulsamar. As planícies dos distritos de Akhalkalaki e Tsalka são formadas por rochas de andesite, andesite-basalto e basalto. Nas depressões, estas rochas são cobertas por sedimentos lacustres. Durante o período glaciar, a região montanhosa do sul foi coberta por glaciares, que estão documentados por sedimentos de morena.

A cintura dos chernozems da Geórgia está geomorfologicamente dividida em: superfícies de desnudação (antigos planaltos vulcânicos, peneplanícies e superfícies deluviais-proluviais), tipo anfiteatro (planície) e tipos de acumulação (depressões de montanha e planícies).

Os cinturões de chernozem são caracterizados por um clima frio. A temperatura média anual é de 5,9° C, sendo a mais fria em janeiro -7,5° C e a mais quente em julho 16,8° C. No inverno, a temperatura desce para -20-25° C. O número de dias de geada por ano atinge 240. A duração do período de vegetação é de cinco meses e a precipitação é de 343-746 mm, com um máximo em junho e um mínimo no inverno. A humidade média anual do ar é de 70%.

A vegetação é principalmente do tipo prado-estepe e envolve os seguintes grupos: Andropogon, Stipa, Grain-mixtgerbosum, Carex.

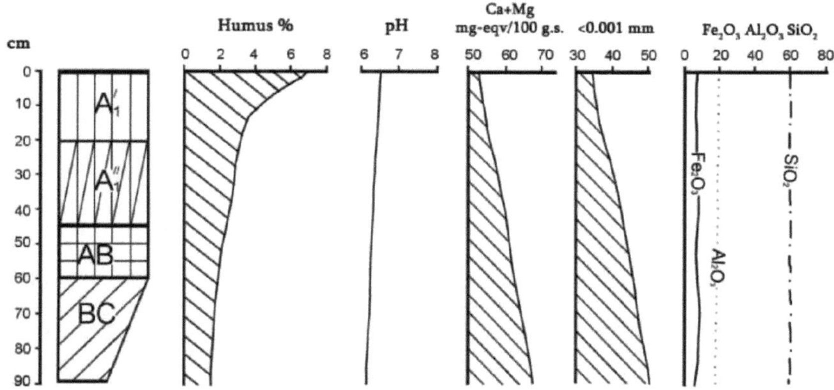

Fig. 32: Parâmetros básicos de Chernozems

Os chernozems são caracterizados por uma textura argilosa ou franco-argilosa. O conteúdo da fração silte na parte superior do perfil está distribuído uniformemente e diminui com a profundidade. O teor de húmus é elevado e atinge, nalguns casos, 10%. Os chernozems são caracterizados

62

por uma reação fracamente ácida, neutra ou fracamente alcalina. São saturados de bases. O cálcio é o catião permutável mais abundante.

Os chernozems de montanha pertencem aos chernozems. Caracterizam-se pela presença de um horizonte vorónico. Por horizonte vorónico entende-se um tipo específico de horizonte molicano espesso, com boa estrutura (estrutura granular), com cor preta (volume de cor 2 e croma inferior a 2), elevada saturação de bases ($\geq 80\%$), elevado teor de matéria orgânica (teor de Corg mínimo 1,5% e matéria orgânica 2,5%), elevada atividade biológica. Para identificar este horizonte em condições de campo, são necessárias as seguintes características morfológicas: cor preta (como resultado da acumulação de matéria orgânica), estrutura de grão bem expressa, elevada atividade biológica (diferentes tamanhos de poros). A profundidade de um horizonte vorónico deve ser superior a 35 cm.

Todos os chernozems têm, por definição, um horizonte A mollico. O carácter específico do vorónico, em comparação com o mollico, exprime-se no teor mais elevado de Corg e numa cor mais escura e numa profundidade superior a 35 cm.

O classificador cálcico significa a acumulação de carbonatos secundários desde a superfície do solo até uma profundidade de 100 cm. O $CaCO_3$ secundário na parte inferior dos chernozems encontra-se em formas difusivas (como partículas finas) ou como pseudomicélio. No perfil dos chernozems, os critérios de diagnóstico argico são expressos por uma textura pesada, especialmente na parte média do perfil, por um teor mínimo de 8% de argila e uma acumulação da fração silte. O carácter iluvial dos horizontes argivos é confirmado pela presença de cutans de argila nas superfícies dos agregados. Os chernozems são, por definição, eutróficos devido à saturação de base >50.

3.16.Solos de montanha-floresta-prado (Haplic Umbrisols)

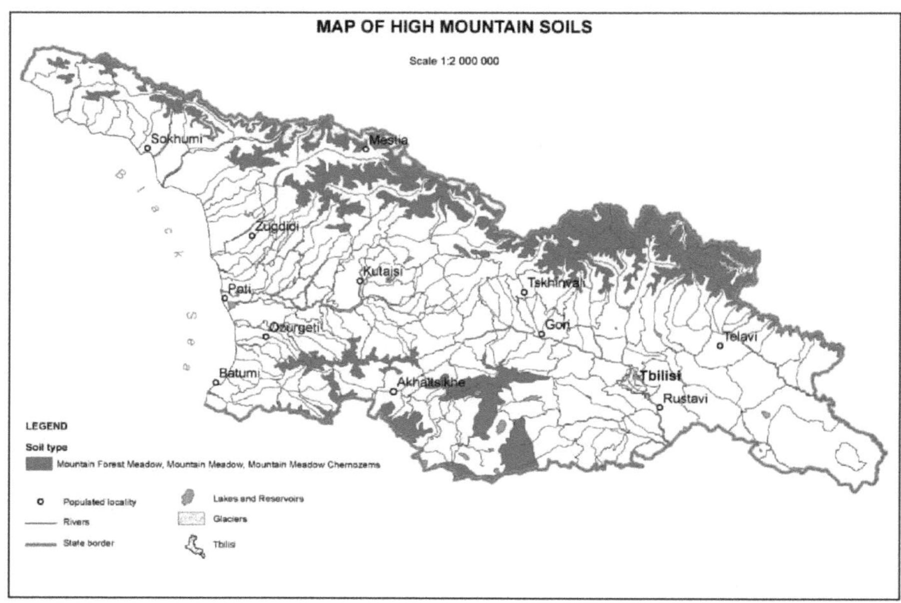

Fig. 33: Ocorrência de solos de alta montanha na Geórgia

Os solos de prados florestais de montanha são caracterizados por um perfil não diferenciado, humificação intensa e profunda, profundidade pequena a média e forte lixiviação. O perfil do solo tem normalmente a seguinte estrutura: A0- At-B-BC ou AO-AB-BC ou AO-A-AB-CD. A área total de distribuição destes solos é de 492.000 ha, o que corresponde a 7,2% do território.

Os solos de prados florestais de montanha estão amplamente distribuídos na zona subalpina das montanhas do sul do Cáucaso e da Transcaucásia, de 1.800 (2.000) m a 2.000 (2.200) m a.s.l.

Os solos de prados florestais de montanha fazem fronteira com os solos de prados de montanha e de floresta castanha.

A investigação mais completa destes solos foi efectuada por T. Urushadze [28, 30] utilizando os métodos mais recentes. Ele investigou as peculiaridades genéticas deste solo e as regularidades da sua distribuição geográfica e elaborou a sua classificação.

Os solos dos prados florestais de montanha formam-se na zona subalpina, com Verões curtos e frescos e Invernos longos e rigorosos. A temperatura média anual é de 3,2 a 4,1° C, sendo que a mais fria varia entre -4,1 e -7,0° C e a mais quente entre 12,9 e 13,7° C.

O inverno é frio e com muita neve (190 dias). A temperatura mínima absoluta desce até aos -26° C. A duração do período de vegetação é de três a quatro meses. O período sem geadas é de um a dois meses. A precipitação média anual varia entre 605 e 1.675 mm. O máximo de precipitação ocorre na primavera e no verão. A humidade relativa média anual do ar atinge 70 a 79%. O coeficiente de humidade é de 6 a 7, embora nos períodos quentes, apesar da precipitação máxima, desça para 1,1. Este facto pode ser explicado pela intensidade da evaporação.

Na zona da floresta subalpina predomina um relevo erosivo-denegativo de alta montanha com influência adicional de glaciação anterior. Algumas formas de relevo foram criadas pelo vulcanismo quaternário. As gargantas erosivas apresentam declives acentuados.

Na Geórgia Ocidental, as rochas que formam o solo consistem em ardósias de mica cristalina e diorito de quartzo, mas também em calcário (Svaneti, Racha-Lechkhumi). Os xistos argilosos, os arenitos, os calcários e os sedimentos de moreias encontram-se principalmente na Geórgia Oriental.

Na Geórgia do Sul, encontramos normalmente andesitos, porfiritos, traquitos, bem como sienitos e rochas vulcânicas intrusivas.

Entre as florestas de montanha da Geórgia, a floresta subalpina ocupa as posições mais elevadas até ao limite da vegetação. Devido às condições ecológicas desfavoráveis, as florestas subalpinas apresentam espécies específicas com uma estrutura e forma de vegetação específicas [16], caracterizadas por troncos retorcidos, floresta baixa e arbustos.

Inclui faias, bordos, carvalhos, pinheiros, abetos e abetos, bem como rododendros, azáleas e zimbros. A floresta subalpina caracteriza-se por um crescimento limitado e uma produtividade geralmente baixa. Além disso, estas florestas protegem as florestas altas e os terrenos agrícolas em posições mais baixas, bem como nas zonas povoadas, contra as torrentes de montanha, os deslizamentos de terras, os ventos e a queda de neve e regulam o regime hídrico.

Devido à ampla distribuição dos processos de desnudação, os solos dos prados florestais de montanha são comparativamente jovens.

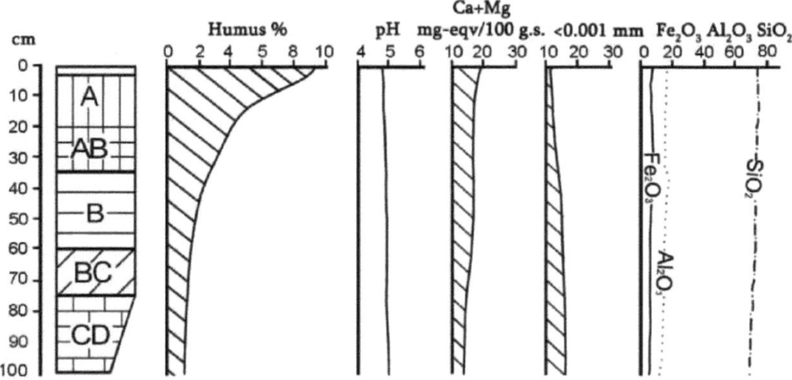

Fig. 34: Parâmetros básicos dos solos de prados florestais de montanha

Os solos dos prados florestais de montanha caracterizam-se por um perfil não diferenciado, horizontes de húmus castanho-escuros e uma cor castanho-enferrujada, reação ácida em todo o perfil, distribuição mais ou menos uniforme de diferentes óxidos, baixo grau de saturação de bases, humificação elevada e profunda, e de minerais de argila que indicam baixa meteorização, ricos em formas móveis de ferro.

Os solos de prados florestais de montanha e de prados de montanha pertencem a solos umbris com um horizonte úmbrico. Nos solos de prados florestais de montanha observa-se o classificador férrico.

3.17.Solos de prados de montanha (Umbrisols hiperdistróficos)

Os solos dos prados de montanha são caracterizados por perfis não diferenciados. O perfil do solo tem normalmente os seguintes horizontes: At-A-B-BC. Os principais sinais de diagnóstico são um horizonte de húmus bem expresso sobre um pequeno horizonte de intemperismo.

Na Geórgia, os solos de prados de montanha são absolutamente dominantes. A sua superfície total é de 1.758.200 ha, o que corresponde a 25,1% do território.

Os solos de prados de montanha estão amplamente distribuídos nas zonas subalpinas e alpinas do Cáucaso e das montanhas meridionais da Transcaucásia, entre 1.800 (2.000) e 3.200 (3.500) m de altitude. Os limites hipsométricos da sua distribuição variam consoante a distância entre as montanhas e o mar, as condições físico-geográficas de maciços montanhosos específicos e a influência agrícola do homem. No Grande Cáucaso, a amplitude de distribuição hipsométrica deste solo é superior a 1.300 m, e mais do que nas montanhas do sul da Transcaucásia.

Os solos dos prados de montanha fazem fronteira com os solos brutos das cinturas subalpinas e alpinas, os solos dos prados de montanha do tipo chernozem e os solos dos prados florestais de montanha da cintura subalpina.

O território da faixa florestal superior (acima de 1.900-2.000 m) pertence à zona de alta montanha, ou seja, áreas sem árvores e arbustos (exceto Rhodondron). Para além disso, de 1.900 m (2.000 m) a 2.800 m a.s.l., existe a zona subalpina, de 2.800 m a 3.200 m, a zona alpina e, mais acima, a zona nival.

Os solos dos prados de montanha são formados em condições climáticas extremas, caracterizadas por longos Invernos (com uma longa cobertura de neve) e Verões frescos. O período sem geadas dura 3-5 meses. O período de crescimento da vegetação é de 3-4 meses. A temperatura média de janeiro oscila entre -12° C e -5,2° C, em abril entre -1,6° C e 5,6° C, em julho entre 7,3 e 14,4° C. A temperatura média mensal sofre fortes flutuações. A precipitação média anual é de 7181.503 mm, com um máximo em maio. A humidade média anual do ar varia entre 68% e 81%, com um coeficiente de humidade de 6-7, mas nos períodos quentes, apesar da precipitação máxima do verão, desce acentuadamente para 1,1. Este facto pode ser explicado pela elevada evaporação. A cobertura de neve permanece durante 5-7 meses e o seu máximo é em março. O clima das montanhas é caracterizado por uma elevada radiação solar, mas a soma das temperaturas activas é baixa e oscila entre 600-1.500° C. Este clima frio das montanhas altas favorece uma intensa meteorização das rochas, o que leva à acumulação de um grande número de fragmentos de rocha na superfície do solo.

O relevo das altas montanhas reflecte a influência de zonas verticais. Na zona da cordilheira superior predomina um relevo de erosão-denudação, no qual predominam formas de fenómenos de geada. Para além disso, encontramos formas de relevo criadas pelo vulcanismo quarternário. Nos níveis mais baixos são comuns os desfiladeiros de erosão, com declives suficientemente acentuados e, nalguns locais, com vastas áreas de planícies aluviais. Assim, nas altas montanhas podem encontrar-se as seguintes formas de relevo: 1) antigas cordilheiras peneplanálticas ("recortadas"); 2) relevo glaciário - cuidados, circos, terraços; 3) relevo vulcânico - planaltos (montanhas do sul) e 4) relevo de erosão. Os relevos glaciares e de erosão das altas montanhas estão principalmente cobertos por fragmentos de rocha e pedras, mas elementos da antiga peneplanície e dos relevos vulcânicos estão cobertos por vegetação herbácea. Apesar de a geomorfologia de alta montanha ser denudativa, o tipo de relevo destrutivo, em comparação com o relevo florestal de montanha, é caracterizado por formas suaves.

A estrutura geológica das montanhas altas é bastante complexa. Na Geórgia Ocidental existem xistos cristalinos, xistos de sílica cristalina e dioritos cristalinos e pedras de argila (Svaneti, Racha-Lechkhumi). As rochas cristalinas ácidas, os granitos e os gnaisses estão amplamente distribuídos (Svaneti e Abkhazia). A geologia das montanhas altas da Geórgia Oriental é caracterizada por xistos argilosos e arenitos. Estes são os principais componentes, enquanto os picos das montanhas são construídos por rochas vulcânicas. Na construção da cordilheira Tsiv-Gombory participam sedimentos terciários e conglomerados. No Alto Cáucaso encontram-se mais sedimentos. Na zona de prados montanhosos do Cáucaso Meridional encontram-se andesitos, porfíritos, traquitos e também sienitos e rochas eruptivas introzonais.

A vegetação das montanhas altas é caracterizada por uma zonalidade bem expressa. A vegetação das cinturas subalpinas é bastante heterogénea. Reúnem tipos de vegetação de prados e estepes, incluindo florestas subalpinas. No coberto vegetal da cintura subalpina predominam os arbustos, as gramíneas mistas com arbustos e as comunidades mistas de gramíneas. Entre elas, a parte principal pertence a Bromus variegatus, Phleum pratense, Agrostis, Festuca ovina e outras. As leguminosas têm uma distribuição moderada e são apresentadas por Trifolium mountanum e também por Medicago glutinosa. O coberto herbáceo das montanhas altas é denso e elevado e é constituído principalmente por diferentes espécies mesófilas. Em condições comparativamente secas, a vegetação de gramíneas mesófilas de altitude transforma-se em vegetação xerófita.

A vegetação subalpina inclui condicionalmente prados secundários que se formam na orla superior da floresta em resultado de cortes florestais.

Na cintura alpina predominam dois tipos de vegetação - tapete alpino, gramíneas formadoras de relva com elementos de misturas de gramíneas e vegetação herbácea com Triticum e Carex em superfícies de relevo convexo, onde ocorrem habitualmente prados mistos de Carex ou mistos de gramíneas e Carex. Existem também prados de Festuca-Carex com predominância de Carex e Poa. Em grandes áreas encontramos Nardus. Em condições de seca, predomina uma vegetação xerófila com Artemisia.

Na faixa nival, a vegetação mais alta é insignificante e aparece entre as pedras em locais seguros.

Como resultado, os processos de desnudação nos solos dos prados de montanha são comparativamente jovens.

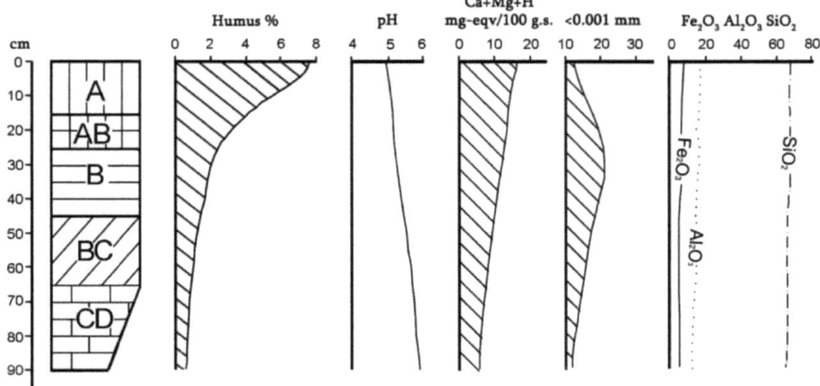

Fig.35: Parâmetros básicos dos solos de prados de montanha

Os solos dos prados de montanha caracterizam-se por uma profundidade média ou reduzida, material turfoso à superfície, textura franca ou argilosa, reação essencialmente ácida ou fracamente ácida, com humificação elevada e profunda, com uma saturação de bases baixa ou média, uma distribuição desigual das fracções minerais e dos óxidos totais, e apresentam uma meteorização de tipo sialítico. Na fração argilosa predominam as hidromicas e clorites, humidades do tipo fulvato e humato-fulvato, teor de ferro silicatado crescente com a profundidade.

Os solos dos prados de montanha pertencem aos Umbrisols com um horizonte úmbrico. Nestes solos, os elementos espódicos hiperdistróficos são comuns.

3.18.Prados de montanha Chernozems (Phaeozems)

Os chernozems dos prados de montanha são caracterizados por um perfil indiferenciado e um horizonte de húmus poderoso. O perfil do solo tem normalmente os seguintes horizontes: A11-A111-BC ou A11-A111-B-BC. Os seus principais sinais de diagnóstico são bem expressos por horizontes de húmus poderosos.

Na Geórgia, estes solos ocupam 109.600 ha, o que corresponde a 1,6% do território.

Os chernozemes dos prados de montanha estão distribuídos na Geórgia do Sul em zonas subalpinas e alpinas acima dos 1.800 (2.000) m de altitude.

Este solo faz fronteira com solos de prados de montanha nival primitivo, subalpino e da cintura alpina e solos florestais de prados de montanha da cintura subalpina.

Os chernozems de prados de montanha desenvolvem-se em zonas de alta montanha sob prados de estepe alpina e subalpina ou estepes de prado. O relevo é caracterizado por um planalto vulcânico, cuja parte central é ocupada por dois sistemas meridianos de cones vulcânicos - Kechute e Abeksamare. As rochas são principalmente rochas vulcânicas básicas, basaltos andesíticos e basaltos.

O clima é frio, com Verões curtos e frescos e Invernos longos e rigorosos. O mês mais frio é janeiro com uma temperatura de -7,8° C, o mais quente é agosto com 13,6° C. A temperatura média anual é de 3,2° C. A duração do período de vegetação é de quatro meses. O período sem geadas é de um a dois meses. A precipitação média anual é de 605 mm. O máximo de precipitação ocorre de abril a junho. A humidade relativa média anual do ar atinge 78%, o coeficiente de humidade é de 1-3. O regime hídrico do solo é lixiviante, mas em regiões com humidade moderada e com períodos de seca é periodicamente lixiviante.

Na vegetação de prado predominam Festuca e Carex. Entre outras espécies, destacam-se Bromus variegatus, Trifolium, Koeleria. Os prados com

Festuca encontram-se em diferentes condições - de secos a húmidos, de encostas íngremes a áreas niveladas, o que pode ser explicado pela plasticidade da espécie. O valor nutritivo destes prados é médio, mas as ovelhas pastam bem. O Nardus também é frequente.

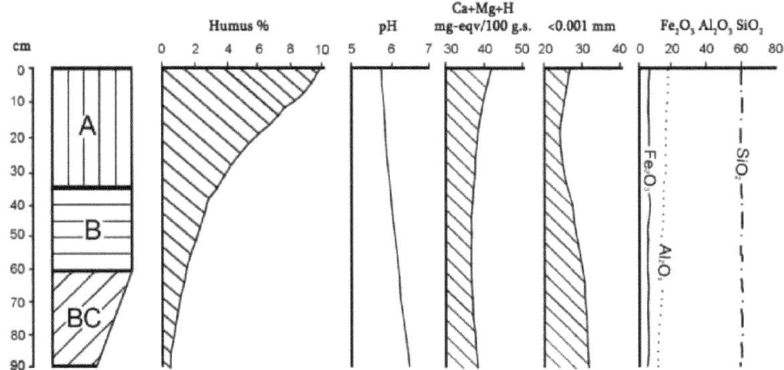

Fig. 36: Parâmetros básicos da montanha Meadow Chernozems

O prado de montanha chernozem pertence, supostamente, ao grupo Phaeozems. Foram observados os seguintes índices: o classificador de diagnóstico é molicano, o que significa a presença de um horizonte de diagnóstico molicano e de um classificador eutrópico.

3.19.Andossolos (Andossolos)

Os andossolos caracterizam-se por uma cor escura do horizonte superior, uma textura argilosa, uma construção friável e uma estrutura fina em forma de torta ou de grumos.

Os andossolos são caracterizados pelos seguintes horizontes: A1/-A1//-BC1- BC2 ou A1/-A1//-B1-B2-BC ou A-B-BC1-BC2 ou A-AB-B1-B2-BC ou A1/-A1//-C-CD. Caracterizam-se principalmente por uma cor cinamónica escura ou muito escura (10 YR 2,5/l,5; 10 YR 2,5/2) do horizonte de húmus, uma estrutura de grão grosso ou fino bem expressa, uma construção friável e uma textura argilosa.

Os andossolos representam um dos grupos de solos da Base Mundial de Referência para os Recursos do Solo (WRB). No mundo, a sua área total ascende a 110 milhões de hectares. O nome é de origem japonesa: "An" significa preto e "Do" significa solo.

Os solos vulcânicos, como os andossolos, têm diferentes tipos genéticos que correspondem a diferentes zonas geográficas. Geralmente, a área dos andossolos coincide com a área das rochas vulcânicas. Os solos que se formam sobre rochas vulcânicas devem ter propriedades andicas e/ou vítricas (World Reference Base for Soil Resources, 2006).

Na Geórgia, estes solos distribuem-se pelo planalto de Javakheti, pela cordilheira Adjara-Trialeti (nos arredores do desfiladeiro de Goderdzi) e pelo desfiladeiro de Borjomi e seus arredores.

O planalto de Javakheti pertence à região vulcânica central, vasta e complexa do ponto de vista geomorfológico. A sua base são os depósitos vulcânico-dedimentares mio-pliocénicos "Goderdzi retinue", que são cobertos por basalto dolerítico quarternário. A cordilheira de Javakheti é constituída por basalto, lava de andesite-basalto, piroxénio-andesite.

No planalto de Javakheti, encontramos os planaltos relativamente pequenos de Akhalkalaki, Gomareti, Tsalka e Dmanisi. O planalto de Tsalka situa-se na parte nordeste. É constituído principalmente por dolorite, basalto andesino e sedimentos aluviais lacustres. A sua idade situa-se entre o Plioceno e o Holoceno.

Na parte central do sistema de depósitos Adjara-Trialeti (cordilheira), que faz fronteira com a região vulcânica do norte da Geórgia, existem depósitos vulcânicos-sedimentares do paleoceno e do eoceno inferior, denominados Borjomi flysh, que envolvem formações vulcânicas e depósitos vulcânicos-sedimentares da idade neogénica-antropogénica. Os produtos vulcânicos do neogénico-antropogénico são os andesitos, os andesitos-basaltos, os basaltos, os doloritos e os obsidianos. Observam-se também cinzas vulcânicas e areias vulcânicas.

Os planaltos vulcânicos de Javakheti e Tsalka-Dmanisi são caracterizados por um clima continental moderadamente seco. No planalto de Javakheti, o inverno é frio e comparativamente seco, enquanto o verão é longo e fresco. No planalto de Tsalka-Dmanisi, o clima é moderadamente húmido, com Invernos frios, Verões longos e dois máximos de precipitação. A temperatura média anual oscila entre 3,9 e 7,8° C. O mês mais frio é janeiro, quando a temperatura desce de 2,8 para -8,1° C, e a temperatura dos meses mais quentes, julho e agosto, não ultrapassa 14,5-18,2° C. A quantidade de precipitação anual atinge 533-698 mm. A maior parte da precipitação ocorre nos meses comparativamente quentes (IV-X).

Na região de Adjara-Trialeti (nos arredores do desfiladeiro de Goderdzi), a temperatura média anual oscila entre 3,9 e 7,8° C. O mês mais frio é janeiro, quando a temperatura desce de -4,1 a 0,9° C, e os meses mais quentes são julho e agosto, quando a temperatura não excede 18,6 a 19,4° C. A precipitação anual é de 538 a 1.177 mm.

Na cordilheira de Trialeti (desfiladeiro de Borjomi e arredores), a temperatura média anual varia entre 0,1-7,3° C. O mês mais frio é janeiro, quando a temperatura desce para -4,1 -0,9° C, e o mês mais quente é agosto, com uma temperatura de 9,6-18,0° C. A quantidade de precipitação anual é de 569-1.212 mm. A maior parte da precipitação ocorre nos meses comparativamente quentes (IV-X).

O coberto vegetal dos desfiladeiros vulcânicos de Javakheti e Tsalka-Dmanisi é constituído principalmente por estepe de montanha e uma transição para vegetação de prado. A área de estepe de montanha situa-se a 1.200-1.800 m de altitude. Acima destas estepes existem prados subalpinos. A vegetação de estepe de montanha inclui: a) Andropogon, b) Stipa, c) Festuca e d) associações mistas de gramíneas.

Nas montanhas altas do desfiladeiro Adjara-Trialeti, a vegetação subalpina é composta por florestas subalpinas, arbustos de alta montanha (Rhododendron, Juniperus), gramíneas altas subalpinas e prados subalpinos (Makhatadze, Urushadze, 1972).

Nas florestas da parte ocidental da cordilheira Trialeti, a faia e as florestas de coníferas escuras ocupam uma área significativa.

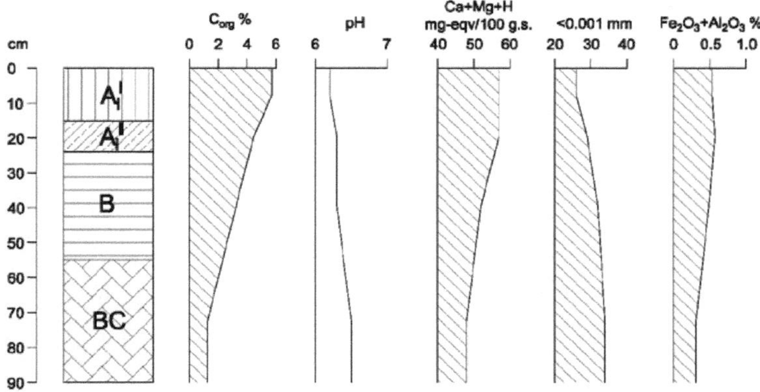

Fig. 37: Parâmetros básicos dos Andossolos

Os andossolos da região Borzhom-Bakuriani da crista Adzhar-Trialetski, perto da povoação de Gudzhareti (fossa B4), formam-se numa planície ondulante sobre brechas de andezito-basalto. A horizontação do solo é a seguinte A1'-A1"-BC1-BC2. Os horizontes superiores são caracterizados por uma cor castanha escura (7.5YR3/2;7.5YR3/2.5), estrutura granular fina, textura argilosa e não efervescem a 10% de HC1. A espessura dos horizontes húmicos é de 23 cm, e o horizonte B não é pronunciado. Nas proximidades do povoado de Andezit (fossa B9), os andossolos formam-se numa planície inclinada composta por andesito e têm a seguinte morfologia A'-A1"-B1-B2-BC. Os horizontes de húmus são pretos ou castanhos muito escuros (10YR2.5/1.5; 10YR2.5/2). São relativamente soltos e têm uma estrutura granular fina e uma textura argilosa; os fragmentos de rocha estão ausentes. Os revestimentos enriquecidos com R2O3 aparecem nas camadas mais profundas. A efervescência com HC1 está ausente. A espessura total dos horizontes de húmus atinge os 40 cm. A cor dos horizontes Bl e B2 é um pouco mais clara (10YR3/2 e 10YR3/2.5, respetivamente). Estes horizontes têm uma estrutura friável e uma textura argilosa. Nas proximidades do desfiladeiro de Tskhratskaro (fossas B11 e B14), os andossolos formam-se sobre andesito-basalto e basalto e têm os seguintes perfis: A-BC-C ou A-B-BC1-BC2. O horizonte húmico tem cerca de 18 cm de espessura; tem uma cor preta (2,5Y2,5/1) e é caracterizado por uma estrutura granular fina, uma densidade aparente relativamente baixa e uma textura argilosa. Os fragmentos de rocha estão ausentes; o solo não efervesce a partir de 10% de HC1. Na fossa B14, o horizonte B distingue-se por uma pequena espessura, cor castanho-azeitona escuro (2.5YR3/3), estrutura granular fina e textura argilosa.

Os andossolos nas proximidades da povoação de Tabatskuri (fossa B12) são formados sobre andesito e têm o perfil do tipo A1'-A1"-B-BC. A espessura dos horizontes de húmus é de 25 cm e a do horizonte B é de até 30 cm. A sua parte superior é castanha muito escura e castanha cinzenta muito escura (10YR2/2 e 10YR3/2); a massa do solo é relativamente solta e tem uma estrutura granular fina; os detritos de rocha estão ausentes mesmo no horizonte BC. Todo o perfil tem uma textura argilosa e não efervesce a 10% de HC1. Assim, os andossolos da região Borzhom-Bakuriani da crista Adzhar-Trialetski têm características morfológicas algo semelhantes: a espessura dos seus horizontes de húmus varia entre 18-40 cm; estes horizontes são castanho-escuros ou pretos e têm uma estrutura granular fina bem pronunciada e uma textura argilosa. A espessura do horizonte B é de 7-30 cm, a sua cor é um pouco mais clara, os elementos estruturais são menos nítidos (estrutura em migalhas) e a textura é também argilosa.

Os andossóis nas proximidades do desfiladeiro Goderdzski são formados em andesite e andesite-basalto e consistem nos seguintes horizontes: A-AB-B1- B2-BC2 (fossa D3) ou A-AB-BC-C (fossa D4). A espessura da camada de húmus (A + AB) é de 28-44 cm, e a espessura dos horizontes de húmus propriamente ditos é de cerca de 15-19 cm. Os horizontes superiores são caracterizados por uma cor castanha escura ou castanha amarela escura (10YR3/3; 10YR3/4), uma estrutura friável e uma textura argilosa; a massa do solo é relativamente solta. Na fossa D4, o horizonte B, com 18 cm de espessura, distingue-se por uma cor castanha, uma estrutura de migalhas bem pronunciada e uma textura argilosa. Em geral, as características morfológicas destes andossolos são semelhantes às descritas na literatura [1,13,15]. Os andossolos da área investigada são caracterizados por uma textura argilosa média ou pesada (Tabela 1). Em alguns solos (fossa B4 na povoação de Gudzhareti, fossa B9 na povoação de Andezit e fossa B14 no desfiladeiro de Tskhratskaro), observa-se uma diminuição do teor das fracções físicas argila (<0,01 mm) e argila (<0,001 mm) nos horizontes de húmus. Nos andossolos formados na zona do desfiladeiro de Goderdzski, o teor da fração física argilosa e da fração argilosa aumenta nos horizontes inferiores.

A reação do solo é ácida (pH 5,0-6,6, Quadro 1). A reação do solo ao extrato inalN KCl varia de 3,3 a 5,1. A acidez dos horizontes superiores é geralmente mais elevada do que a dos horizontes mais profundos.

Os andossolos estudados são profundamente humificados. O teor de húmus nos horizontes mais superficiais varia entre 6,91% (fossa D3) e 9,91% (fossa B4); diminui ao longo do perfil do solo, embora permaneça relativamente elevado (3,85% à profundidade de 70 cm na fossa B12 na povoação de Tabatskuri). Estes solos têm uma elevada capacidade de troca, o que está relacionado com o elevado teor de húmus e argila e com a presença de alofano entre os minerais [7].

Um elevado teor total de catiões permutáveis é revelado nos Andossolos nas áreas da povoação de Gudzhareti, da povoação de Andezit, do desfiladeiro de Tskhratskaro e da povoação de Tabatskuri. O teor de catiões permutáveis no solo do prof. B14 perto da povoação de Tskhratskaro é mais baixo. A soma dos catiões adsorvidos diminui ao longo do perfil do solo, atingindo valores mínimos no horizonte BC2. Nos andossolos do desfiladeiro Goderdzski, a soma dos catiões adsorvidos é bastante elevada no horizonte do húmus e diminui gradualmente ao longo do perfil do solo. O complexo de adsorção dos andossolos é ligeiramente ou moderadamente insaturado com bases. O cálcio predomina entre as bases adsorvidas; a sua porção atinge 61-74% da soma total de catiões adsorvidos; a porção de magnésio varia de 16 a 39%. O teor de hidrogénio adsorvido é bastante elevado (32-

34%) nos Andossolos estudados perto da povoação de Tabatskuri e do desfiladeiro de Tskhratskaro (prof. 14). É inferior nos Andossolos do desfiladeiro de Goderdzsk (13-28%). Os valores da densidade aparente do solo situam-se entre 0,8 e 1,3 g/cm3 nos andossolos estudados. Os valores mais baixos são observados nos horizontes de húmus. A densidade aparente do solo aumenta nas camadas mais profundas em paralelo com uma diminuição do teor de húmus. Os valores da densidade aparente nos horizontes de húmus dos andossolos estudados perto da povoação de Gudzhareti, da povoação de Tabatskuri e do desfiladeiro de Tskhratskaro (prof. B14) são inferiores a 0,9 g/cm3, o que corresponde aos sinais de diagnóstico das propriedades andicas. Noutros solos estudados, é de cerca de 0,9-1,2 g/cm3, o que corresponde aos sinais de diagnóstico de propriedades vítricas. A baixa densidade aparente dos Andossolos pode estar relacionada com o desenvolvimento de microagregação, elevada microporosidade e intensa acumulação de alofano e matéria orgânica na fase sólida do solo. O maior teor de Corg (5,75-5,56%) é revelado nos horizontes de húmus (A'/A" e A) dos solos estudados (prof. B4 e B14). O valor de Alox + 1/2 Feox é um dos critérios de diagnóstico mais importantes para distinguir entre propriedades ádicas e vítricas. Nos solos com propriedades andicas é mais elevado, o que aponta para um maior grau de meteorização do vidro vulcânico [19]. O elevado teor de Feox pode muitas vezes ser explicado pela sua acumulação biológica. Nos solos estudados perto da povoação de Andezit, o ferro extraível por oxalato predomina na camada superficial do solo. Em alguns solos (fossas Bll e B14), observam-se valores elevados de alumínio extraível por oxalato. Perto da povoação de Tabatskuri, o teor de ferro extraível por oxalato é relativamente elevado

(0,83-0,89%). O teor total de sesquióxidos solúveis em oxalato (0,4%) em alguns horizontes corresponde ao critério de diagnóstico das propriedades vítricas.

A retenção elevada de fosfato (>25%), correspondente aos sinais de diagnóstico das propriedades vítricas, foi encontrada na maioria dos solos (Quadro 2). Nos Andossolos do desfiladeiro de Goderdzski, a densidade aparente do solo aumenta ligeiramente ao longo do perfil do solo e varia entre 0,89-1,2 g/cm3. Os horizontes de húmus com um elevado teor de carbono orgânico são caracterizados pelos valores mais baixos. Na fossa D3, a densidade aparente do solo satisfaz o critério das propriedades ádicas (<0,9 g/cm3). Na maioria dos outros casos, satisfaz o critério das propriedades vítricas (0,9-1,2 g/cm3). O teor de carbono orgânico nestes Andossolos é inferior a 25% (0,55-6,23%) e corresponde aos critérios de diagnóstico correspondentes dos Andossolos. No solo formado sobre andesito-basalto (fossa D4), o teor de carbono orgânico é inferior ao do solo desenvolvido sobre andesito (fossa D3). Quantidades relativamente elevadas de carbono orgânico são acumuladas nos horizontes superiores; o seu teor diminui gradualmente ao longo dos perfis do solo. Nos Andossolos amostrados no desfiladeiro Goderdzski (fossas D3 e D4), a quantidade de alumínio solúvel em oxalato é superior à quantidade de ferro solúvel em oxalato (Quadro 2). No solo formado em andesite, o teor de Alox varia entre 0,792,05%, enquanto o de Feox é de 0,30-0,43%, o que pode ser explicado pelas características específicas do andesite [25].

No solo formado em andesito-basalto, o teor de Alox varia de 0,33 a 2,12%, e o teor de Feox é de 0,16-0,45%. O teor de Feox é relativamente elevado nos horizontes superiores e diminui gradualmente ao longo do perfil do solo.

Esta regularidade não é observada para o Alox. O teor de Alox + l/2Feox é superior a 2% nos horizontes AB, Bl e B2 do solo formado sobre andesito e no horizonte AB do solo formado sobre andesito-basalto (fossa D4). No horizonte húmus e nos horizontes DC e C (fossa D4), o teor de sesquióxidos solúveis em oxalato é inferior a 2%. Os horizontes dos solos desenvolvidos a partir de rochas vulcânicas efusivas (os horizontes AB, Bl e B2 da cava D3 e o horizonte AB da cava D4) satisfazem o critério das propriedades ádicas (Alox + ½ Feox . 2%). Os horizontes A e BC da fossa D3 e os horizontes A, BC e C da fossa D4 satisfazem o critério das propriedades vítricas (Alox + ½ Feox . 0,4%).

Os solos do desfiladeiro de Goderdzski caracterizam-se por uma retenção de fosfatos bastante elevada. Na maioria dos horizontes do solo formado em andesite, é superior a 90%. No que diz respeito a um dos principais critérios de diagnóstico dos Andossolos (retenção de fosfato 85%), todos os horizontes deste solo (exceto o horizonte BC) satisfazem o critério das propriedades andicas. A retenção relativamente baixa de fosfatos é típica do solo sobre andesito-basalto. Só excede 95% no horizonte AB, que é o único horizonte com propriedades andicas neste solo. Os outros horizontes cumprem o critério de retenção de fosfatos para as propriedades vítricas.

A formação de materiais não cristalinos (compostos de Al e Fe activos) e a acumulação de matéria orgânica são processos pedogenéticos dominantes, que têm lugar em materiais vulcânicos na maioria dos solos. A combinação destes processos é denominada "Andossolização" [10].

3.20. Solos salinos (Vertic Solonchaks, Mollie Solonetz)

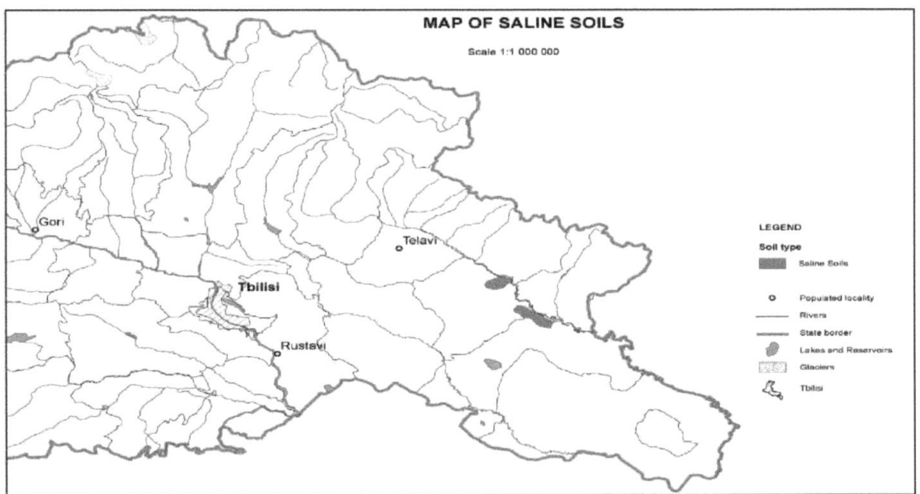

Fig. 38: Ocorrência de solos salinos na Geórgia

Os solos salinos reúnem solonchaks e solonetzes. Os solonchaks contêm sais solúveis até à superfície, os solonetzes apenas a diferentes profundidades dos horizontes baixos.

A superfície total dos solos salinos é de 1,6% (112.600 ha). Estes solos estão amplamente distribuídos nas planícies da Geórgia Oriental: os vales de acumulação de Alazani, Eldari, Taribana-Natbeuli, Lakbe, Shavmindvris, e nos vales inclinados e encostas das bacias hidrográficas erosivas do deserto de Chabandari e Donguz-dara. Além disso, encontram-se em KvemoKartli (vales de Gardabani, Mameuli, Samgori e Krtsanisi) e fragmentariamente em Shua Kartli.

O clima é subtropical seco, com Verões quentes e Invernos quentes, quase sem neve. A temperatura média anual é de 12,1-12,5° C. A soma das temperaturas activas é de 4.000-4.500° C. A duração do período de vegetação é de sete meses. A quantidade de precipitação anual é de 380-600 mm, com um mínimo no inverno e um máximo em maio e junho. O coeficiente de humidade é de 0,33-0,50.

O relevo é caracterizado por depressões intermontanas com planícies aluviais e lagos naturais jovens com acumulação de água. Os solochaks distribuem-se principalmente em depressões, mas os solonetzes encontramse em elevações relativamente antigas. De acordo com o desenvolvimento do relevo, o nível de formação de água subterrânea é elevado, o que influencia significativamente o solo.

As rochas que formam o solo são do plioceno superior, juntamente com sedimentos e argilas aluviais e proluvio-deluviais e salinos.

A vegetação é essencialmente constituída por Artemisia e Andropogon.

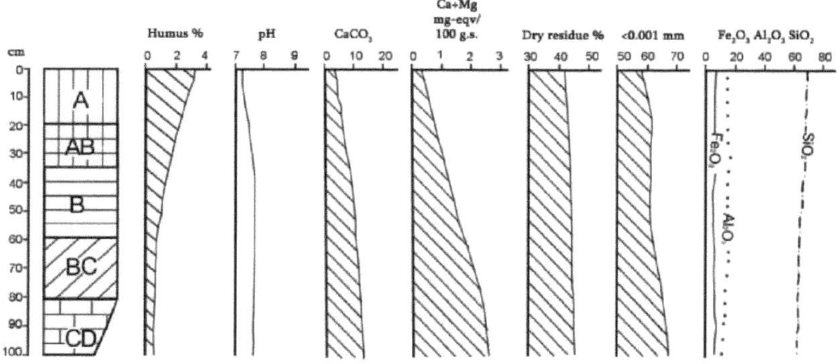

Fig. 39: Parâmetros básicos dos solos salinos

Os solos salinos dividem-se em dois grupos: 1) solonchaks e 2) solonetzes. Os solonchaks caracterizam-se por um elevado teor de sais solúveis, mas os solonetzes caracterizam-se pela absorção de sódio e por uma reação alcalina.

Os Solonchaks são caracterizados por uma textura pesada, principalmente argilosa. O cálcio predomina entre os catiões absorvidos, mas o sódio e o magnésio estão presentes em quantidade suficiente. O teor de húmus é baixo e diminui acentuadamente com a profundidade. Os minerais de argila são a montmorilonite e as micas hidratadas.

Os solos salinos contêm diferentes quantidades de sais. Em Solonchaks, o teor nas camadas superiores é de 1,76-3,18%, mas em profundidade é de 3,5-3,6%. Nos solos fortemente salinos, o teor de sais nas camadas superiores é menor e aumenta acentuadamente no horizonte iluvial. Nos solos medianamente salinos, o horizonte com sal é mais profundo e contém sais solúveis. A salinização tem um carácter cloreto-sulfato. Aqui também encontramos solonchaks de soda. Nos solos salinos da Geórgia ocorrem principalmente sulfato de sódio, sal de Glauber e cloretos. O solo em geral é altamente alcalino.

As salinas caracterizam-se por propriedades de água e ar de difícil glauberização, o que se explica pela textura pesada, má estrutura e um teor acrescido de montmorilonite.

Os solonetzes são também caracterizados por uma textura pesada. Os minerais argilosos são principalmente montmorilonite e hidromicas. O teor dos principais óxidos varia acentuadamente, com a profundidade o teor de sílica diminui, enquanto os sesquióxidos aumentam. O solo é caracterizado por um maior teor de K_2O e Na_2O.

Em comparação com os solonchaks, os solonetzes ocupam áreas maiores.

O teor de húmus também varia muito. Observa-se um teor mais elevado de húmus nos solonchaks fracos e um teor mais baixo nos solonchaks fortes e médios.

Os solonetzes são caracterizados por diferentes teores de sais solúveis. A formação de solonetzes depende principalmente do Na adsorvido no complexo de troca, que pode chegar a 40%. A maioria dos solonetzes da Geórgia caracteriza-se por um elevado teor de magnésio adsorvido, o que reforça a salinização. Na Geórgia, encontramos solonetzes de sódio, de magnésio-sódio e de sódio-magnésio.

Os solonetzes são caracterizados por uma permeabilidade à água muito baixa.

3.21. Solos aluviais (Gleyic Fluvisols, Eutric Fluvisols, Dystric Fluvisols)

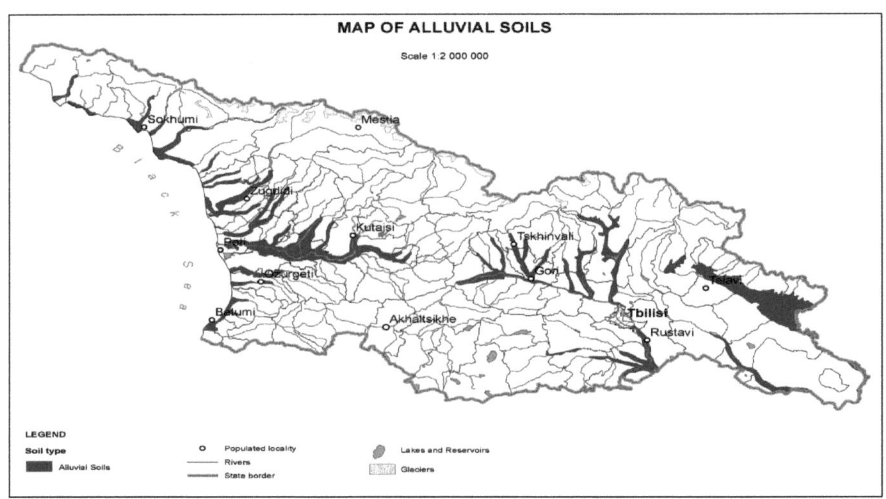

Fig. 40: Ocorrência de solos aluviais na Geórgia

Os solos aluviais são caracterizados por inundações regulares e pela sedimentação de novas camadas aluviais. Este solo é caracterizado por vários regimes hidrológicos, construções e propriedades. As suas propriedades são determinadas principalmente pela natureza da bacia, onde estes solos se desenvolvem. O perfil do solo tem normalmente a seguinte estrutura: A-BC-C- CD.

Na Geórgia, a área total de solos aluviais é de 351.400 ha (5,0%). São formados em todo o território da Geórgia em diferentes zonas.

Os solos aluviais formam-se em diferentes regiões naturais e, em cada caso específico, são caracterizados pelo clima dessa zona. O material aluvial em que estes solos se desenvolvem é também bastante diversificado. A vegetação natural é uma vegetação de inundação. Grandes áreas de solos aluviais são objeto de diferentes culturas agrícolas.

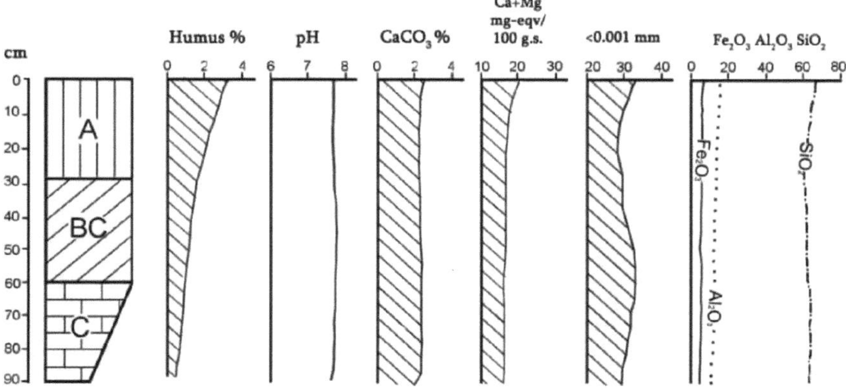

Fig.41: Parâmetros básicos dos solos aluviais

Os solos aluviais pertencem ao grupo dos solos Fluvisols. Foram definidas as seguintes características principais: classificador flúvico, que significa a presença de matéria flúvica do solo desde a superfície do solo até 100 cm de profundidade. O principal critério de diagnóstico é a estratificação da massa do solo, que pode ser marcada por Corg, que diminui com a profundidade ou que, num raio de 100 cm, não é inferior a 0,2%. O classificador gleyic significa a presença de propriedades gleyic desde a superfície do solo até 100 cm de profundidade. As propriedades gleyicas são expressas pela cor gleyica, que é um índice gleyico. Gleyic significa condições de oxidação-redução. Os índices de gley são uma cor vermelha, preta ou amarela da superfície dos agregados, dentro dos agregados ou na profundidade do perfil do solo com uma cor cinzento-azulada. Nos solos aluviais, os classificadores Calcaric e Eutric também são expressos.

CAPÍTULO 4. DADOS ANALÍTICOS

Dados analíticos de alguns solos seleccionados de acordo com os critérios estabelecidos

pelo WRB e os utilizados na classificação dos solos da Geórgia.

4.1 Textura do solo de acordo com WRB

Tabela 1. *Textura do solo (em pm; em % de peso) (de acordo com os critérios estabelecidos pelo WRB)*

Horizonte, Profundo, cm	2000 -630	630-200	200 -63	63 -20	20-2	<2	textura
Prof.1. Solo cinzento cinamónico							
Ap.0-20	0	0	13	15	30	42	argila argilosa
A 20-40	0	0	13	16	29	42	argila argilosa
AB40-65	0	0	13	16	31	40	argila argilosa
BC 65-80	0	0	12	17	30	41	argila argilosa
C180-100	0	0	11	16	21	52	Argila
C2100-130	0	0	10	15	20	55	Argila
Prof.2. solo cinamónico de prado							
AO-25	15	13	15	21	18	18	franco-arenoso
AB 25-40	13	11	14	18	22	22	franco-arenoso
BC 40-60	13	10	13	19	21	24	franco-arenoso
C>60	12	8	11	26	21	22	silte argiloso
Prof. 3. terra cinamónica							
A1'0-15	15	13	18	19	10	25	franco-arenoso
A1" 15-25	14	12	17	20	15	22	franco-arenoso
AB 25-40	15	18	18	10	19	20	franco-arenoso
BC 40-75	18	20	20	9	11	22	franco-arenoso
C75-110	20	21	20	8	10	21	franco-arenoso
Prof.4.			Solo florestal castanho				
A 1-5	3	23	28	19	21	6	silte arenoso
BC1 5-35	4	8	11	25	27	25	franco-arenoso
BC2 35-70	4	6	11	22	24	33	Argila
C>70	4	8	13	18	a28	29	Argila
Prof.5 Solo podzólico amarelo							
A 0-10	2	16	12	24	31	15	franco-arenoso
A2LH0-25	4	12	11	25	32	16	franco-arenoso
B1f25-50	5	7	12	27	30	19	franco-arenoso
B2f 50-80	4	8	11	26	28	23	franco-arenoso
BCf80-100	3	8	13	27	27	22	franco-arenoso
Prof.6 Solo florestal castanho-amarelado							
A 1-15	18	22	20	15	15	10	areia argilosa

A2LB 5-33	17	11	16	17	18	21	franco-arenoso
B 33-70	0	4	2	34	33	27	argila siltosa
BC1 70-105	3	4	10	20	37	26	franco-arenoso
BC2 105-130	5	3	13	32	20	27	franco-arenoso
Prof.7. solo cinamónico							
A 0-30	1	2	4	31	37	25	Argila
B1 30-60	2	2	4	30	38	24	Argila
B2 60-80	1	3	4	29	39	24	Argila
BC 80-110	1	2	5	28	40	24	Argila
C 110-140	1	2	4	30	39	24	Argila

4.2 Dados químicos básicos de acordo com a WRB

Tabela 2. *Dados químicos básicos do solo (de acordo com os critérios estabelecidos pelo WRB)*

Horizon, Deep, cm	pH		C Org.%	CaCO$_3$ %	Exchangable acidity (Al^{3+} +H$^+$) cmol(+)/kg	Exchangable cations cmol(+)/kg					% from sum Exchangable cations			
	H$_2$O	KCl				Ca^{2+}	Mg^{2+}	K$^+$	Na$^+$	Sum	Ca	Mg	K	Na
Prof. 1.Grey cinnamonic soil														
Ap 0-20	6,0	4.76	2.07	–	Undefined	22.98	9.45	Undefined	Undefined	32.43	71	29	-	-
A 20-40	6.7	Undefined	1.51	–	"	23.66	8.45	"	"	32.11	74	26	-	-
AB40-65	7,0	"	0.82	–	"	20.64	9.63	"	"	30.27	68	32	-	-
BC 65-80	7.6	"	0.81	17.78	"	21.82	10.23	"	"	30.05	68	32	-	-
C180-100	8.0	"	0.53	21.33	"	19.78	8.18	"	"	27.96	71	29	-	-
C2 100-130	8.0	"	0.43	22.67	"	20.28	7.77	"	"	28.05	72	28	-	-
Prof.2. Meadow cinnamonic soil														
A 0-25	7.3	Undefined	2,74	5,78	Undefined	22.51	5.79	Undefined	Undefined	28.30	79	21	-	-
AB 25-40	7.9	"	2,27	4,44	"	27.96	8.87	"	"	36.83	76	24	-	-
BC 40-60	7.9	"	1,33	6,22	"	28.39	7.78	"	"	36.17	78	22	-	-
C >60	8.3	"	1,05	5,33	"	20.28	5.41	"	"	25.69	79	21	-	-
Prof.3. Cinnamonic soil														
A 1$^{'}$ 0-15	7.3	Undefined	2,36	1,33	Undefined	27.04	6.42	Undefined.	Undefined	33.46	81	19	-	-
A1$^{''}$ 15-25	7.7	"	1,93	2,67	"	29.67	5.11	"	"	34.78	85	15	-	-
A 25-40	7.7	"	1,5	4,44	"	27.28	6.82	"	"	34.10	80	20	-	-
BC 40-75	8.2	"	0,98	11,11	"	23.99	6.43	"	"	30.42	79	21	-	-
C 75-110	8.3	"	0,55	13,33	"	21.63	5.41	"	"	27.04	80	20	-	-
Prof.4. Brown forest soil														
A 1-5	6.4	5.93	4.58	Undefined	2.8	36.06	4.50	0.65	0.04	41.25	82	10	2	0
BC1 5-35	6.1	4.23	2.12	"	7.0	26.19	3.21	0.16	0.14	29.70	71	9	0	0
BC2 35-70	6.7	4.76	1.04	"	2.5	29.09	3.39	0.12	0.18	32.78	82	10	0	1
C > 70	6.8	5.34	0.69	"	1.3	29.60	3.31	0.12	0.18	33.21	86	10	0	1

Prof.5.Yellow podzolic soil														
A 0-10	4.9	3.88	3.97	-	28.0	2.12	1.31	0.15	0.21	3.79	7	4	0	1
A2Lf 10-25	4.9	3.85	1.74	"	39.7	1.81	1.01	0.21	0.17	3.21	4	2	1	0
B1f 25-50	4.9	3.71	0.49	"	57.2	4.33	1.98	0.20	0.18	6.69	6	3	0	0
B2f 50-80	5.3	3.58	0.51	"	67.3	12.89	3.32	0.32	0.18	16.70	15	4	0	0
BCf 80-100	5.6	3.70	0.31	"	30.7	18.99	3.24	0.26	0.27	22.76	35	6	1	1
Prof.6.Yellow brown forest soil														
A 1-15	5.7	5.10	4.38	-	27.0	17.42	2.28	0.92	0.06	20.67	37	5	2	0
A2LB 15-33	5.1	3.85	2.46	"	38.0	2.49	0.89	0.52	0.04	3.95	6	2	1	0
B 33-70	5.2	3.53	1.18	"	62.3	12.29	4.61	0.50	0.12	17.52	15	6	1	0
BC1 70-105	5.6	3.53	0.43	"	21.5	22.26	6.57	0.32	0.31	29.47	44	13	1	1
BC2 105-130	5.9	3.87	0.37	"	11.3	24.12	6.85	0.24	0.27	31.48	56	16	1	1
Prof.7.Cinnamonic soil														
A 0-30	7.9	Unde fined	2,27	22,22	Unde fined	34,09	6,54	Unde fined	Unde fined	40,63	84	16	-	-
B1 30-60	7.3	"	1,43	21,78	"	47,07	10,24	"	"	57,31	82	18	-	-
B2 60-80	7.4	"	1,31	23,55	"	37,52	7,17	"	"	44,69	84	16	-	-
BC 80-110	7.5	"	0,46	24,44	"	36,15	6,42	"	"	42,57	85	15	-	-
C 110-140	7.5	"	0,46	24,44	"	39,19	8,11	"	"	47,30	83	17	-	-

4.3 Textura de acordo com a classificação dos solos da Geórgia

Quadro 3. *Textura* (de acordo com a classificação dos solos da Geórgia)

Horizonte; profundidade, cm	Conteúdo das fracções, %; tamanho das fracções, mm						
	1-0.25	0.25-0.05	0.05-0.01	0.01-0.005	0.005-0.001	<0.001	<0.01
Redsoil (Nitisol), perfil 14							
A,0-19	2	13	18	15	25	27	67
AB, 19-40	2	8	19	14	25	32	71
B,40-70	1	5	21	12	26	35	73
BC, 70-90	1	4	17	10	28	40	78
C. >90	-	5	13	7	30	45	82
Solo amarelo (Luvisols), perfil 19							
A,0-16	-	15	20	21	14	30	65
AB. 16-30	-	10	19	24	12	35	71
B, 30-50	-	9	18	24	13	36	73
BC, 50-70	-	12	18	25	14	31	70
C.70-90	-	17	19	21	14	29	64

4.4 Dados químicos básicos de acordo com a classificação do solo da Geórgia

Tabela 4. *Dados químicos básicos do solo* (de acordo com a classificação do solo da Geórgia)

Perfil	Horizonte; profundidade, cm	pH		Corgj %	Acidez total	Bases intercambiáveis	Capacidade de permuta catiónica
		H O₂	KCl			cmol(+)/kg	
Solos vermelhos (Nitisols)							
13	A, 0-18	4.05	3.05	3.18	9.36	22.40	31.76
	AB, 18-40	4.15	3.10	3.44	8.92	24.00	32.92
	Bl, 40-62	4.20	3.30	1.26	8.31	24.60	32.91
	B2, 62-80	4.20	3.30	0.44	8.05	23.40	31.45
	AC, 80-100	4.35	3.40	0.19	7.00	18.40	25.40
	C, 100-120	4.35	3.40	-	6.74	15.40	22.14
14	A, 0-19	4.60	4.10	1.61	6.12	15.80	21.92
	AB, 19-40	4.85	4.20	0.89	4.81	16.60	21.41
	B, 40-70	5.20	4.40	0.76	2.80	16.00	18.80
	BC, 70-90	5.25	4.40	0.26	2.97	19.00	21.97
	C, >90	5.30	4.50	0.05	2.89	25.60	28.49
15	A, 0-20	5.10	4.10	1.63	3.67	32.80	36.47
	AB, 20-40	5.10	4.43	0.82	3.50	36.80	40.30
	B, 40-70	5.15	4.45	0.71	4.20	37.40	41.60
	BC, 70-90	5.30	4.50	0.06	3.32	36.20	39.52
Solos amarelos (Luvisols)							
19	A, 0-16	5.65	5.10	3.59	2.10	37.60	39.70
	AB, 16-30	5.75	5.20	1.24	1.84	40.40	42.24
	B, 30-50	5.75	5.20	0.76	1.84	42.00	43.84
	BC, 50-70	5.85	5.30	0.05	1.66	39.80	41.46
	C, 70-90	6.00	5.35	-	1.05	38.80	39.85
20	A, 0-20	6.00	5.30	2.56	1.48	39.60	41.08
	B, 20-38	6.00	5.35	1.29	1.31	40.00	41.31
	BC, 38-58	6.30	5.35	0.76	1.31	41.80	43.11
	C, 58-80	6.65	5.45	0.44	0.96	37.80	38.76
21	A, 0-15	5.65	4.60	2.55	2.54	39.00	41.54
	AB, 15-35	5.65	4.70	1.36	2.10	37.60	39.70
	B, 35-52	5.66	4.70	0.74	2.10	38.00	40.10
	BC, 52-80	5.66	4.80	0.48	1.90	40.40	42.30
Solos amarelo-podzólicos (Alisols)							

16	A,0-15	5.2	4.2	1.65	3.24	18.00	21.24
	A1A2,15-36	5.2	4.35	0.80	2.19	12.40	14.59
	A2,36-56	5.25	4.4	0.65	3.67	12.00	15.67
	BC,56-80	5.25	4.4	0.19	3.50	11.20	14.70
	C,80-105	5.30	4.5	0.08	3.32	15.80	19.12
17	A,0-10	4.80	3.4	3.10	2.80	15.00	17.80
	A2,10-30	5.05	3.8	1.86	2.71	12.20	14.91
	B1,30-45	.5.20	3.9	0.78	2.80	11.80	14.60
	B2,45-65	5.30	3.95	0.09	1.75	21.00	22.75
	BC,65-90	5.35	3.95	-	1.66	18.50	20.16
18	A,0-18	4.95	3.9	3.15	2.36	11.00	13.36
	A2, 18-35	5.00	4.15	1.95	2.19	12.00	14.19
	B,35-60	5.00	4.15	0.84	2.01	10.80	12.81

4.5 Diferentes formas de ferro em solos seleccionados

Quadro 5. *Teor das diferentes formas de ferro em solos seleccionados* (% da matéria seca)

Horizonte, profundidade, sm	Fe2O3 Total	Silicato %	% do total	Não silicato %	% do total	Grátis Oxalatos solúveis %	% do total	Cristalino %	% do total
Solos vermelhos (Nitissolos ferrálicos) Prof. 17									
A-0-12	8,28	4,23	51,09	4,05	48,91	1,42	17,15	2,63	31,27
B-12-40	10-71	6,34	59,20	4,27	40,80	1,47	13,73	2,90	27,08
BC-40-70	10,71	6,61	61,72	4,10	32,28	1,38	12,89	2,72	25,40
Solos vermelhos (Nitissolos ferrálicos), prof. 19									
A-0-12	13,15	8,34	63,42	4,81	36,58	1,42	10,80	3,39	25,78
B2-40-70	13,48	8,84	65,58	4,64	34,42	1,51	11,20	3,13	23,22
B3-70-90	10,06	5,96	59,24	4,12	40,95	1,47	14,61	3,65	26,34
C-136-180	10,92	9,92	62,98	5,83	37,02	1,56	9,90	4,27	27,11
Solo de pântano (Luvisols férricos), prof.									
A-0-20	6,17	3,10	50,24	3,07	49,76	1,25	20,26	1,82	29,50
A21B(g)-20-45	7,63	4,70	61,60	2,93	38,40	0,89	11,66	2,04	26,34
B1(g)-40-70	6,00	3,18	53,00	2,82	47,00	0,89	14,83	1,93	32,17
BCg-100-140	6,33	3,76	59,40	2,57	40,60	0,84	13,27	1,73	27,33
Solo amarelo-podzólico (Acrisols estagnados, Hiperferrico), prof. 1									
A0 - 14	6.02	2.74	45.51	3.88	54.48	1.55	25.75	1.73	28.73
A2l(f) 14-25	5.84	2.39	40.92	3.45	59.08	1.55	26.54	1.90	32.53
A2B(gf) 25-38	4.34	2.18	49.77	2.16	49.32	0.98	22.37	1.98	26.94
Bg38-65	5.35	2.47	46.17	2.88	53.83	0.93	17.38	1.95	36.45

BC(fg) 65-90	9.09	3.93	65.24	5.16	56.77	1.16	12.76	4.00	44.00
Solos podzólicos amarelos (Acrisols estagnados, hiperferricos), prof. 5									
A0 -15	5.19	2.46	47.40	2.73	52.60	0.93	17.92	1.80	34.68
A1A2l 15-28	5.04	2.50	49.60	2.54	50.40	1.25	24.80	1.29	25.60
B28-50	4.54	2.11	46.48	2.43	53.52	0.81	18.50	1.59	35.02
Solos Gley Podzólicos Amarelos (Acrissolos Estagnados, Acrissolos Férricos, Acrissolos Gleyicos), prof.13									
A0 - 15	6.33	2.36	37.28	3.97	51.66	1.25	17.75	2.72	42.97
A1A2I15-33	8.12	4.56	56.16	3.56	43.84	1.38	17.00	2.18	26.85
B133-60	5.84	3.36	57.53	2.48	42.47	1.02	17.47	1.46	25.00
B260-95	6.65	3.49	52.48	3.16	47.52	1.42	21.35	1.74	26.17
BC295-120	5.84	3.59	61.47	2.25	38.53	0.93	15.92	1.32	22.60
CD120-150	7.47	4.27	57.16	3.20	42.84	1.29	17.27	1.91	25.57
G150-180	5.55	3.18	53.30	2.37	42.70	0.89	16.04	1.48	26.67
Solos Gley Podzólicos Amarelos (Acrissolos Estagnados, Acrissolos Férricos, Acrissolos Gleyicos), prof.15									
A1A20-18	6.98	4.41	63.18	2.57	36.82	0.84	12.03	1.73	24.79
A2I18-33	7.63	4.72	61.86	2.91	38.14	0.80	10.48	2.11	27.65
A2IB33 - 48	7.47	4.92	65.86	2.55	34.14	0.78	10.44	1.77	23.64
B1(f)g 48-75	7.63	4.79	62.78	2.84	37.22	0.75	9.83	2.09	27.39
BCg100-130	12.99	7.81	60.12	5.18	39.80	1.02	7.85	4.16	32.02
Amarelo Castanho F solos florestais (Stagnic Luvisols, Ferric Luvisols, Humic Luvisols, Skeletic Luvisols), prof. 1									
A 2-17	6.96	4.26	61.21	2.70	38.8	0.65	9.3	2.05	29.45
B1 - 17-27	6.85	4.20	61.31	2.65	38.7	1.05	15.3	1.60	23.46
B2 27-45	8.63	5.68	65.82	2.95	34.2	0.90	11.5	2.05	23.75
C1 45-67	9.39	6.83	73.20	2.50	26.8	0.77	7.8	1.73	18.44
C2 67-120	8.83	6.03	68.29	2.80	31.7	1.03	11.6	1.77	20.12
Solos de floresta castanha amarela (Luvisols estagnados, Luvisols férricos, Luvisols húmicos, Luvisols esqueléticos),prof. 18									
A 2-35	7.22	3.02	41.83	4.20	58.2	0.93	12.9	3.27	45.29
AB - 25-42	5.07	1.24	24.46	3.83	75.5	0.93	18.3	2.90	57.20
B1 42-57	5.39	1.82	30.69	3.57	66.2	1.08	20.4	2.49	46.20
B1B2 57-72	5.92	1.91	32.26	3.71	62.7	0.94	13.2	2.77	46.79
BC -72-110	4.40	1.22	27.73	3.18	72.3	0.92	20.9	2.26	51.36
Solos de floresta castanha amarela (Luvisols estagnados, Luvisols férricos, Luvisols húmicos, Luvisols esqueléticos),prof. 10									
A 1-7	12.59	6.56	52.10	6.03	47.9	3.70	29.3	2.33	18.51
AB 7 - 17	11.93	5.87	49.20	6.06	50.8	3.97	33.3	2.09	17.52
B1 7-32	12.52	6.27	50.08	6.25	49.9	4.50	35.7	1.75	13.98

B2 32-56	12.42	7.09	57.08	5.33	42.9	2.50	20.1	2.83	22.79
C156-92	12.99	8.38	64.51	4.61	35.5	2.02	15.5	2.59	19.94
C292-130	12.02	7.26	60.40	4.76	39.6	2.32	19.3	2.44	20.30
Solos de floresta castanho-amarelos (Luvisols estagnados, Luvisols férricos, Luvisols húmicos, Luvisols esqueléticos), prof. 3									
A 1-14	5.84	3.66	62.67	2.18	37.33	1.25	21.40	0.93	15.92
AB 14 - 28	6.82	3.55	59.05	3.27	47.95	1.07	15.69	2.20	32.26
B1 28-55	6.49	3.27	50.39	3.22	49.61	0.98	15.10	2.40	34.51
Solos de floresta castanha (Haplic Cambisols (Dystric), prof. 7									
A 3 - 10	7.89	4.86	61.6	3.03	38.4	0.90	11.4	2.17	27.0
B1 10 - 25	8.71	6.59	75.6	2.12	24.4	1.55	17.8	0.57	6.6
B2 25 - 48	7.34	5.49	73.3	1.85	26.7	1.60	21.8	0.33	4.8
B3 48 - 69	8.68	6.28	72.4	2.40	27.6	0.59	6.8	1.81	20.8
BC 69 - 80	8.75	5.95	67.8	2.80	32.2	0.56	6.4	2.24	25.8
Solos de floresta castanha (Haplic Cambisols (Dystric), prof. 2									
A 2 - 15	5.39	3.87	71.8	1.52	38.2	0.25	4.6	1.27	23.6
B1 15 - 30	5.24	3.29	62.8	1.95	37.2	0.37	7.0	1.58	30.2
B2 30 - 42	5.39	2.81	52.1	2.58	47.9	0.79	13.5	1.79	34.4
BC 42 - 60	4.92	2.22	45.1	2.70	54.9	0.42	8.5	2.28	46.4
CD 60 - 80	4.97	3.09	62.2	1.88	37.8	0.36	7.2	1.52	30.6
Solos de floresta castanha (Haplic Cambisols (Dystric), prof. 4									
A 2 - 10	4.54	1.45	32.0	3.09	68.0	1.15	25.3	1.94	42.7
A2l 10 - 32	4.85	2.65	54.6	2.20	45.4	0.92	19.0	1.28	26.4
B1 32 - 67	6.08	3.22	53.0	2.86	47.0	1.25	20.6	1.61	26.4
B2 67 - 100	6.59	3.87	58.7	2.72	41.3	1.64	26.4	1.08	14.9
BC 100-120	6.30	3.42	54.3	2.88	45.7	1.08	15.5	1.80	30.2
Solos negros de floresta castanha (Chernosems Haplic), prof. 1									
A11 2-14	5.79	3.36	58.14	2.43	41.97	0.46	7.94	1.97	34.02
A111 14-33	6.22	4.15	66.72	2.07	33.28	0.69	11.09	1.38	22.19
A1111 33-55	6.94	4.00	57.64	2.94	42.36	0.56	8.07	2.38	34.20
BC2 55-90	7.10	5.43	76.48	1.67	23.52	0.50	7.04	1.17	16.48
Solos negros de floresta castanha (Chernosems Haplic), prof. 3									
A11 2-14	6.28	3.48	55.41	2.80	44.59	0.46	7.32	2.34	37.26
A111 14-38	9.84	7.01	71.24	2.83	28.76	0.90	9.15	1.93	19.61
A1111 33-55	9.17	6.02	65.65	3.15	34.35	0.64	6.98	2.51	27.37
BC2 55-65	10.50	7.77	74.00	2.73	26.00	0.70	6.67	2.03	19.33
Solos negros de floresta castanha (Chernosems Haplic), prof. 4									
A11 2-12	8.67	5.97	68.86	2.70	31.14	0.74	8.53	1.96	22.61

A111 12-28	10.80	8.09	74.91	2.71	25.09	0.70	6.48	2.01	18.61
BC2 28-45	10.38	7.98	76.88	2.40	23.12	0.84	8.09	1.64	15.80

Solos negros de floresta castanha (chernosemas haplicados), prof. 11

A11 2-12	8.10	5.55	68.52	2.55	31.48	0.50	6.17	2.05	25.31
A111 12-35	9.25	6.75	72.97	2.50	27.03	0.54	5.84	1.96	21.18
AC2 35-65	9.58	7.11	74.22	2.47	25.78	0.44	4.59	2.03	21.19

Solos Carbonatados Brutos (Leptossolos Rêndzicos), prof. 7

A110 -10	4.74	3.26	68.77	1.48	31.23	0.56	11.81	0.92	19.42
AB 20 - 40	4.02	2.22	55.22	1.80	44.78	0.60	14.92	1.20	29.86
B260 - 80	2.36	1.58	66.95	0.78	33.05	0.42	17.80	0.36	15.25
BC 80 - 110	2.36	1.58	66.95	0.78	33.05	0.32	13.56	0.46	19.49

Solos Carbonatados Brutos (Leptossolos Rêndzicos), prof. 10

A0 - 18	4.22	1.54	36.49	2.68	63.51	3.16	27.49	1.52	36.02
AB 18 - 40	3.24	1.41	43.52	1.83	56.48	0.49	15.12	1.34	41.36
CD 40 - 60	7.47	3.75	50.20	3.72	49.80	1.16	15.52	2.56	34.27

Solos Cinzentos Cinamónicos (Chernozem Cálcico), prof. 24

A11 0 - 20	7.12	4.84	67.98	2.28	32.02	0.20	2.81	2.08	29.20
A111 20 - 40	6.96	4.80	68.97	2.16	31.03	0.22	3.16	1.94	27.87
AB 40 - 55	6.55	4.57	69.77	1.98	30.23	0.26	3.97	1.72	26.25
B1m,ca 55 - 90	6.34	4.47	70.51	1.87	29.49	0.17	2.68	1.70	26.81
B2m,ca 90 - 110	6.24	4.56	73.08	1.68	26.92	0.13	2.08	1.55	24.85
BCca 110 - 140	6.65	5.12	76.99	1.53	23.01	0.15	2.25	1.38	20.75

Solos cinzentos cinamónicos de prados (Haplic Kastanozems, Gleyic Kastanozems, Vertic Kastanozems), prof. 17

A -0 - 20	6.80	4.37	64.27	2.43	35.73	0.22	3.24	2.21	32.49
AB - 20 - 45	6.97	4.22	60.55	2.75	39.45	0.24	3.44	2.51	36.01
B1 - 45 - 65	7.38	4.80	65.04	2.58	34.96	0.22	2.98	2.36	31.98
B2 - 65 - 105	7.28	4.97	68.27	2.31	31.73	0.18	2.47	2.13	29.26
BC - 105 - 130	5.85	3.70	63.27	2.15	36.73	0.13	2.22	2.02	34.51
C - 130 - 180	6.07	3.97	65.40	2.10	34.60	0.11	1.81	1.99	32.79

Solos Cinamónicos (Cambissolos Crómicos, Cambissolos Cálcicos, Cambissolos Húmicos, Cambissolos Eutróficos), prof. 3

A11 0-12	3,90	2,68	68,72	1,22	31,28	0,13	3,33	1,09	27,95
A111 12-25	3,74	2,59	69,25	1,15	30,75	0,11	2,94	1,04	27,81
B1 25-50	3,57	2,59	72,55	0,98	27,45	0,11	2,80	0,87	24,65
B2 50-75	4,64	3,76	81,03	0,88	18,97	0,08	1,72	0,80	17,25
C >75	3,87	3,06	79,07	0,81	20,93	0,06	1,55	0,74	19,38

Solos Cinamónicos (Cambissolos Crómicos, Cambissolos Cálcicos, Cambissolos Húmicos, Cambissolos

Eutróficos), prof. 2									
A11 2-10	5,48	3,79	69,16	1,69	30,84	0,26	4,74	1,43	26,10
A111 10-24	6,06	4,18	68,98	1,88	31,02	0,31	5,12	1,57	25,90
B1 24-42	5,09	3,33	65,42	1,76	34,58	0,28	5,50	1,48	29,08
Solos Cinamónicos (Cambissolos Crómicos, Cambissolos Cálcicos, Cambissolos Húmicos, Cambissolos Eutróficos), prof. 1									
A11 0-14	7,47	4,87	65,19	2,60	34,81	0,63	8,43	1,97	26,38
A111 14-28	8,08	5,10	63,12	2,98	36,88	0,65	8,04	2,33	28,84
B1 28-43	7,32	5,02	68,58	2,30	31,42	0,58	7,92	1,72	23,50
B2 43-75	8,28	5,68	68,60	2,60	31,40	0,49	5,92	2,11	25,48
C 75-100	7,78	5,48	70,43	2,30	29,57	0,40	5,14	1,90	24,43
Solos Cinamónicos de Prados (Cambissolos Crómicos, Cambissolos Cálcicos, Cambissolos Gélvicos, Cambissolos Eutróficos), prof. 19									
A11 - 0 - 14	5,43	3,42	62,98	2,01	37,02	0,35	6,45	1,66	30,67
A111 - 14 - 45	5,60	3,39	60,54	2,21	39,46	0,28	4,99	1,93	34,47
AB - 45 - 70	5,98	3,75	62,71	2,23	37,29	0,26	4,35	1,97	32,04
B1 - 70-100	6,21	3,75	60,39	2,46	39,61	0,22	3,53	2,24	36,08
B2 - 100 - 130	5,54	3,48	67,82	2,06	37,18	0,18	3,25	1,88	33,93
BC > 130	4,61	2,63	57,05	1,98	42,95	0,20	4,34	1,78	38,61
Solos negros (Haplic Vertisols), prof. 27									
A11 - 0 - 20	5,79	3,76	64,76	2,03	35,04	0,29	5,01	1,74	30,03
A111 - 20 - 40	5,52	3,27	59,26	2,25	40,76	0,33	5,98	1,92	34,78
AB - 40 - 60	5,47	3,33	60,88	2,14	39,12	0,24	4,39	1,90	34,73
B - 60 - 100	5,60	3,84	68,57	1,76	31,43	0,20	3,57	1,56	27,86
BC - 100 - 125	5,61	3,93	70,05	1,68	29,95	0,17	3,03	1,51	26,92
C - 125 - 150	5,92	4,26	71,96	1,66	28,04	0,13	2,19	1,53	25,85
Solos de montanha-floresta-pradaria (Haplic Umbrisols), prof.22									
A - 1 - 10	4,92	1,82	37,0	3,10	63,0	1,19	24,1	1,91	39,9
B - 10 - 35	4,85	1,81	37,3	3,04	62,7	0,97	20,0	2,07	42,8
BC - 35 - 55	4,79	1,42	29,6	3,37	70,4	0,92	19,1	2,45	51,0
Solos de montanha-floresta-pradaria (Haplic Umbrisols), prof.17									
A - 1 - 12	9,18	6,35	69,2	2,83	30,7	1,46	15,9	1,37	14,9
B1 - 12 - 24	9,22	6,25	67,8	2,97	32,2	1,57	17,0	1,40	15,2
B2 - 24- 45	9,26	5,75	62,1	3,51	37,9	1,62	17,4	1,89	20,0
BC - 45-65	9,38	6,14	65,5	3,24	34,5	1,40	15,0	1,84	19,9
Solos de montanha-floresta-pradaria (Haplic Umbrisols), prof.32									
A - 1 - 14	5,64	3,35	59,4	2,29	40,5	1,19	21,1	1,10	19,5
B - 14 - 35	5,59	3,03	54,2	2,56	45,8	1,40	25,1	1,16	20,7

96

BC - 35 - 50	5,57	3,14	56,4	2,43	43,9	1,13	20,3	1,30	23,2
Solos de montanha-floresta-pradaria (Haplic Umbrisols), prof.33									
A - 1 - 17	7,11	2,25	31,6	4,86	68,4	1,67	23,5	3,19	44,2
B - 17 - 33	7,28	3,50	48,1	3,78	51,9	1,67	22,9	2,11	29,9
BC - 33 - 50	7,46	4,09	54,8	3,37	45,2	1,46	19,5	1,91	25,8
Solos de montanha e prado			Umbrisóis hiperdistróficos), prof.123						
A - 1 - 12	4,66	2,25	48,3	2,41	51,7	1,22	26,2	1,19	25,5
B - 12 - 25	5,14	2,68	52,3	2,46	47,7	1,34	26,1	1,12	21,8
BC - 25 - 40	5,46	3,03	55,6	2,43	44,5	1,26	23,1	1,17	21,4
Solos de montanha e prado			(Umbrisolos hiperdistróficos), prof. 95						
AB - 2 - 9	3,74	1,48	39,6	2,26	60,4	0,85	27,7	1,41	37,7
B - 9 - 30	5,25	2,44	46,5	2,81	53,5	0,95	18,1	1,86	35,4
BC - 30 - 60	6,19	3,13	50,6	3,06	49,4	1,10	17,8	1,96	31,7
Solos de montanha e prado			(Umbrisolos hiperdistróficos), prof. 65						
A 0 - 10	5,46	2,41	44,1	3,05	55,9	1,34	24,6	1,71	31,5
B 10 - 30	4,79	2,62	54,7	2,17	45,3	1,16	24,2	1,01	21,1
BA 30 - 60	4,69	2,52	53,7	2,17	46,3	1,36	29,0	0,81	17,3
Solos aluviais (Gleyic Fluvisols, Eutric Fluvisols, Dystric Fluvisols),							prof. 29		
A 0 - 37	6,94	5,84	84,1	1,10	14,4	0,91	11,9	0,19	2,5
BC 37 - 60	7,89	7,03	89,1	0,86	10,9	0,71	9,0	0,15	1,9
CD 60 - 100	6,21	5,58	89,8	0,63	10,2	0,51	8,2	0,12	2,0
Solos aluviais (Gleyic Fluvisols, Eutric Fluvisols, Dystric Fluvisols),							prof. 12		
A 0 - 28	7,93	6,72	84,2	0,21	15,3	0,92	11,6	0,29	3,7
BC 28 - 58	8,22	7,44	90.5	0,78	9,5	0,51	6,2	0,27	3,3
C 58 - 85	8,13	7,31	89,9	0,82	10,1	0,61	7,5	0,21	2,6
Solos aluviais (Gleyic Fluvisols, Eutric Fluvisols, Dystric Fluvisols),							prof. 13		
A 0 - 14	7,35	6,50	88,4	0,85	11,6	0,72	9,8	0,13	1,8
BC 14 - 52	7,74	6,77	87,5	0,97	12,5	0,82	10,6	0,15	1,9
C 52 - 105	7,55	6,70	88,7	0,85	11,3	0,71	9,4	0,14	1,9
Solos aluviais (Gleyic Fluvisols, Eutric Fluvisols, Dystric Fluvisols),							prof. 21		
A 0 - 37	9,29	13,53	38,0	5,76	62,0	0,60	17,2	4,16	44,8
BC 37 - 72	11,85	5,90	49,8	5,95	50,2	1,65	13,9	4,30	36,3

REFERÊNCIAS

[1] Baumler R. e W. Zech, "Characterization of Andosols Developed from NonVolcanic Material in EastemNepal," Soil Sci. 158 (3), 1994.

[2] Handbook A of Soil Terminology, Correlation and Classification (Manual A de Terminologia, Correlação e Classificação dos Solos). Eds. P.KrasilnikoyJ.- J.Ibanez,R. Arnold, S.Shoba, Londres, Earthscan, 2009.

[3] Beery M., Wilding L.P., The relationship between soil pH and base-saturationpercentage for surface and sub-soil horizons of selected mollisols, alfisols and ultisols in Ohio, OhioJ.of Sci.1 (1971)43-55.

[4] Gerasimova M.I., Correlating soil classification systems - procedures, limitations, results, Annals of agrarian science, 2 (2009) 9-13.

[5] Gerasimova M.I. Khitrov N.B., Comparação dos resultados dos diagnósticos de perfis de solo efectuados em três sistemas de classificação, Pochvovedenie 12, (2012).1235-1243 (em russo).

[6] Targulian V.O.e M.I. Gerasimova, Global Correlation Base of Soil Resources: Basis for the International Classification and Correlation of Soils, KMK, Moscovo, 2007 (em russo).

[7] Gradusov B.P., Mineralogy and the total exchange capacity of soils. In Proceeding of the 11 Congress ofSoil Science Society, Vol.2, 1996.

[8] Guidelines for Soil Description, Roma, FAO, 2012.

[9] Dobrovolsky G.V., Urusevskai I.S., Geografia dos solos. M. MGU, 2000 (em russo).

[10] Duchaufour Ph., L'Evolution des soils, Paris, 1968.

[11] Conferência internacional de campo científico-prática, Anais das ciências agrárias, Vol.12, 2, 2014.

[12] Kanno I., Situação taxonómica e características dos solos castanhos amarelos (floresta). Pedologista, vol. 14, 1970.

[13] Kleber M., Ch. Mukutta Ch. e R. Jahn, Andosols in Germany Pedogenesis and Properties, Catena, No. 56, 2004.

[14] Krasilnikov P.V., Soil Nomenclature and Correlation. RAN, Petrozavodsk, 1999 (em russo).

[15] Lafuente A.L., Asenjo I.V., e Huecas C.G., Solos Desenvolvidos em Ambiente Diapírico na Zona Mediterrânica: Sector Norte da Península Ibérica, Cornmun. Soil Sci. Plant Anal. 30 (7-8), 1993.

[16] Makhatadze L.B., Urushadze T.F., Subalpine forests of the Caucasus. Lecnaia Promishlenost, Moscovo, 1972 (em russo).

[17] Pereira V. e Fitz E.A., Patrice Cambissolos e solos afins do Centro-Norte de Portugal: sua génese e classificação. Geoderma, 66, 1995.

[18] Prusinkevich Z., Geografia dos solos. Warszawa, 1982.

[19] Shi X.Z., lu D.S., Xu S.X., Warner E.D., Wang H.J., Sun W.X., Zhao Y.C., Gong Z.T., Referência cruzada para relacionar a classificação genética do solo da China com WRB de diferentes escalas, Geoderma 155 (2010) 344-350.

[20] Shishov L., Tonkonogov V., Lebedeva I., Gerasimova M., Principles, structure and prospects of the new Russian soil classification system, European Soil Bureau - Research Report, No 7, 2002.

[21] Shoji S., Nanzyo M., Randy A.D., and Quantin P., Evaluation and Proposed Revision of Criteria forAndosols in the World Reference Base for Soil Resources, Soil Sci. 161 (9), 1996.

[22] Mapa de solos da Geórgia à escala de 1 : 500000, editado por T.F. Urushadze. Tbilisi, "Kartfabrika", 1999.

[23] Soils Atlas ofEurope, European Soil BureauNetwork, Luxemburgo, 2005.

[24] Atlas do Solo de África. União Europeia. 2013.

[25] Tutberidze V.E., Geology and petrology of the alpine late orogenic Magmatism in the Central Part of the Caucasus segment, Tbilisi, 2004 (em russo).

[26] Urushadze A.T., Classification of soils of Georgia (Classificação dos solos da Geórgia). Universidade Agrária Estatal da Geórgia, Coleção de Trabalhos Científicos, XXXVI, 2006 (em georgiano).

[27] Urushadze T.F., Differences in weathering and soil formation in arid and humid subtropical regions of the USSR. 9-th International Congress of Soil Science, Adelaide, Austrália, Vol. IV, 1968.

[28] Urushadze T.F., Soils of the subalpine forests of Georgia, Pochvovedenie, 6, 1972 (em russo).

[29] Urushadze T.F., Soils of the Mountain Forests of Georgia. Metzniereba, Tbilisi, 1987 (em russo).

[30] Urushadze T.F., Mountain Soils ofUSSR, Agropromizdat, Moscovo, 1989 (em russo).

[31] Urushadze T.F., The main soils of Georgia Metzniereba, Tbilisi, 1997 (em russo).

[32] Urushadze T.,F., Blum W.E.H., Soils of Georgia, NovaNew York, 2014.

[33] Urushadze T.F., Blum W.E.H., Sanadze E.V., Kvrivishvili T.O., Andosols of Georgia, Pochvovedenie, 9, (2011)1056-1063 (em russo).

[34] Urushadze T.F., Kvrivishvili T.O., Sanadze E.V., An experience in using the World Reference Base for soil resources for the soils of Western Georgia, Pochvovedenie, 8 (2014), 1-10 (em russo).

[35] Base Mundial de Referência para os Recursos do Solo. Relatório sobre os Recursos Mundiais do Solo Nol03. Roma: FAO, 2006.

[36] World Correlative Base of Soil Resources: the Basis for the International Classification of Soils and their Correlation. KMK, Moscovo, 2007 (em russo).

[37] Base Mundial de Referência para os Recursos do Solo #84. GFA-Terra Systems, 2005 (em georgiano)

[38] Base Mundial de Referência para os Recursos do Solo; Relatórios Mundiais sobre os Recursos do Solo 106; Organização das Nações Unidas para a Alimentação e a Agricultura. Roma, 2014.

[39] Base de referência mundial para os recursos do solo; Relatórios sobre os recursos mundiais do solo 106; Organização das Nações Unidas para a Alimentação e a Agricultura. Roma, 2014, Tradução Mtsignobari, Tbilisi, 2017 (em georgiano).

[40] Zadorova Tereza, Penizek Vit, Problems in correlation of the Czech national soil classification and World Reference Base, 2006, Geoderma 167.

[41] T. Urushadze, W. Blum, T. Kvrivishvili, Classificação de solos em sedimentos, rochas sedimentares e andesíticas na Geórgia pelo sistema WRB, Annals of Agrarian Science, Vol. 14, No. 4. 2016,351-355.

Printed by Books on Demand GmbH, Norderstedt / Germany